工业和信息化精品系列教材

山东省职业教育精品资源共享课程配套教材

U0160593

Web前端开发
项目教程

HTML5+CSS3+JavaScript | 微课版

刘锡冬 王爱华 薛现伟 ◉ 主编

倪晓瑞 董娜 杜玉霞 ◉ 副主编

PROJECT TUTORIAL OF WEB
FRONT-END DEVELOPMENT

人民邮电出版社

北 京

图书在版编目（CIP）数据

Web前端开发项目教程 : HTML5+CSS3+JavaScript : 微课版 / 刘锡冬, 王爱华, 薛现伟主编. -- 北京 : 人民邮电出版社, 2022.7（2023.7重印）
工业和信息化精品系列教材
ISBN 978-7-115-20385-4

Ⅰ. ①W… Ⅱ. ①刘… ②王… ③薛… Ⅲ. ①超文本标记语言－程序设计－高等学校－教材②网页制作工具－高等学校－教材③JAVA语言－程序设计－高等学校－教材 Ⅳ. ①TP312.8②TP393.092.2

中国版本图书馆CIP数据核字(2021)第261814号

内 容 提 要

本书以一个完整的网上商城网站的前端页面开发项目为载体，按照项目开发流程和学习者的认知规律，由浅入深、循序渐进地将 HTML5、CSS3、JavaScript 的理论知识和关键技术融入各个工作任务中。通过一个个具体任务的完成及最终整个项目的完整实现，读者能够快速掌握网站前端页面开发相关的理论知识和职业技能，能够独立设计开发各种商业网站。

项目涉及的主要知识点和技能点包括：网站开发环境的选取和配置、常见标记和样式属性的使用、CSS 和各种选择器的使用、DIV+CSS 页面布局的用法、网格布局和弹性盒布局的使用、各类导航菜单的制作、表格及表单用法、HTML5 的视频与音频插入、JavaScript 轮播图的制作等。

本书既可作为高职高专院校或应用型本科院校相关专业网站设计与开发课程的教材或教学参考书，也可作为"Web 前端 1+X 职业技能等级证书"考试的辅助用书，还可供广大计算机从业者和爱好者学习和参考。

◆ 主　　编　刘锡冬　王爱华　薛现伟
　　副 主 编　倪晓瑞　董　娜　杜玉霞
　　责任编辑　马小霞
　　责任印制　王　郁　焦志炜

◆ 人民邮电出版社出版发行　　北京市丰台区成寿寺路 11 号
　　邮编　100164　电子邮件　315@ptpress.com.cn
　　网址　https://www.ptpress.com.cn
　　三河市君旺印务有限公司印刷

◆ 开本：787×1092　1/16
　　印张：15.25　　　　　　　　　　2022 年 7 月第 1 版
　　字数：389 千字　　　　　　　　2023 年 7 月河北第 4 次印刷

定价：59.80 元

读者服务热线：(010)81055256　印装质量热线：(010)81055316
反盗版热线：(010)81055315
广告经营许可证：京东市监广登字 20170147 号

前言 PREFACE

党的二十大报告强调"要坚持教育优先发展、科技自立自强、人才引领驱动,加快建设教育强国、科技强国、人才强国",把教育、科技、人才的重要性摆在了突出位置。随着互联网的发展,网站设计开发也向着模块化、快速化、简约化的方向发展。标准化网页设计方式逐步取代了传统的网页布局,从表格布局、定位布局、浮动布局到弹性盒布局和网格布局,网页内容越来越丰富,页面风格越来越个性化。

标准化网页设计要遵循 Web 标准,运用 HTML、CSS、JavaScript 技术将网页的内容、表现形式和行为彻底分离,这样的代码可读性好,复用性强。本书从初学者的角度出发,以完整网站前端页面的开发过程组织教学内容,用丰富的案例、通俗易懂的语言详细介绍了网站设计与开发的各方面内容和技巧。

本书的主要特点如下。

一、落实立德树人的根本任务

本书由编者精心设计,在专业内容的讲解中融入中华传统文化、科学精神和爱国情怀,弘扬精益求精的专业精神、职业精神和工匠精神,培养学生的创新意识,将"为学"和"为人"相结合。

二、引入产业新技术、新知识,以一个大项目贯穿全书

本书选择网上商城网站项目贯穿始终,该项目基本覆盖了目前网站开发的新技术,包括传统页面布局、弹性盒布局与网格布局等现代布局,HTML+CSS 的基础应用,HTML5 网页多媒体应用,典型 JavaScript 动态效果等技术,知识点难易结合,教师可以根据不同专业、不同学生的特点有选择地进行分层次的教学。

三、采用"项目+任务+实践"编写方法,便于读者学练结合

本书将一个完整的大项目划分为 11 个小项目,每个小项目又划分为若干个学习任务,全书共计 22 个任务。每个任务相对独立,在学习了相应的知识点和技能点以后,读者可根据项目实践的提示和要求完成网上商城网站的任务。学完全书后,读者可完成整个网站的页面开发。每个小项目的后面精心筛选了适量的习题,供读者检测学习效果。另外,本书还配有电子资源,供教师教学、学生学习使用。

四、结合"Web 前端开发 1+X 职业技能等级证书"的考核内容,确保课证融合

本书由校企"双元"合作开发,对接职业标准和岗位需求,在编写过程中融入了"Web 前端开发 1+X 职业技能等级证书"的考核内容,覆盖了职业技能等级标准中 HTML 和 CSS 的绝大部分技能点的要求,可作为职业院校学生获取"Web 前端开发职业技能等级证书"的辅助用书。

本书的参考学时为 64~96 学时,建议采用理论实践一体化教学模式,部分项目或任务可以选学。各项目的参考学时见下面的学时分配表。

学时分配表

项目	课程内容	学时
项目 1	认识网站和网页	4~6
项目 2	网页的蓝图——简单布局	12~16
项目 3	网页的蓝图——复杂布局	10~14
项目 4	向网页中插入图像和文本	4~6
项目 5	向网站首页添加导航	8~12
项目 6	网页中列表的应用	4~6
项目 7	使用弹性盒布局二级导航菜单	4~6
项目 8	网页中表格元素的应用	3~6
项目 9	网页中表单元素的应用	4~8
项目 10	向网页中插入视频和音频	2~4
项目 11	网站首页中的动态效果	5~8
	项目化考核	4
学时总计		64~96

　　本书的整体设计及编写由山东商业职业技术学院网页设计与开发课程团队完成，山东梧桐树软件有限公司提供了部分案例资源和技术支持，在此一并表示衷心的感谢。

　　由于编者水平和经验有限，书中难免有欠妥之处，恳请读者批评指正。

编　者

2023 年 5 月

目录 *CONTENTS*

项目1

认识网站和网页 ………………… 1
【情境导入】………………………… 1
任务 1-1　网站设计与开发起步 ………… 1
【任务提出】………………………… 1
【学习目标】………………………… 1
【相关知识】………………………… 1
一、基本概念 ……………………… 2
二、网页的标准化 ………………… 3
三、浏览器的开发者工具 ………… 5
【项目实践】………………………… 5
任务 1-2　制作第一个网页 …………… 6
【任务提出】………………………… 6
【学习目标】………………………… 6
【相关知识】………………………… 6
一、常用 HTML 编辑器 …………… 6
二、创建古诗词网页 ……………… 8
【项目实践】……………………… 14
【小结】…………………………… 16
【习题】…………………………… 16

项目2

网页的蓝图——简单布局 …… 18
【情境导入】……………………… 18
任务 2-1　使用 CSS 装饰网页 ……… 18
【任务提出】……………………… 18
【学习目标】……………………… 18

【相关知识】……………………… 19
一、DIV+CSS 网页布局 ………… 19
二、CSS ………………………… 19
【项目实践】……………………… 25
任务 2-2　巧用选择器调兵遣将 …… 25
【任务提出】……………………… 25
【学习目标】……………………… 25
【相关知识】……………………… 25
一、CSS 选择器 ………………… 25
二、基本选择器的用法 ………… 26
三、扩展选择器的用法 ………… 29
【项目实践】……………………… 32
任务 2-3　使用盒模型划分页面 …… 34
【任务提出】……………………… 34
【学习目标】……………………… 34
【相关知识】……………………… 34
一、HTML 元素的分类和转换 … 34
二、块级元素的盒模型 ………… 36
三、盒子的占位 ………………… 44
【项目实践】……………………… 46
任务 2-4　使用 BFC 隔离空间 …… 47
【任务提出】……………………… 47
【学习目标】……………………… 48
【相关知识】……………………… 48
一、垂直外边距的合并 ………… 48
二、BFC 布局 …………………… 49
【项目实践】……………………… 51
【小结】…………………………… 52
【习题】…………………………… 52

项目 3

网页的蓝图——复杂布局 ……· 56

【情境导入】 ………………………56

任务 3-1　浮动布局两栏式页面 ………56

【任务提出】 ………………………56

【学习目标】 ………………………56

【相关知识】 ………………………57

一、认识浮动 ………………………57

二、元素的浮动属性 float …………· 58

三、清除浮动 ………………………60

四、盒子的高度塌陷及解决方法 …·61

【项目实践】 ……………………… 64

任务 3-2　DIV+CSS 布局网上商城

首页 ………………………66

【任务提出】 ……………………… 66

【学习目标】 ……………………… 66

【相关知识】 ………………………67

一、布局的准备工作 ………………67

二、通栏多列式布局效果及实现 …67

【项目实践】 ………………………70

任务 3-3　网格布局网上商城首页 …… 71

【任务提出】 ………………………71

【学习目标】 ………………………71

【相关知识】 ………………………72

一、认识 CSS Grid 网格布局 ………72

二、网格布局中对父元素的操作 …73

三、网格布局中对子元素的操作 …77

【项目实践】 ………………………79

【小结】 ……………………… 80

【习题】 ……………………… 80

项目 4

向网页中插入图像和文本 ……83

【情境导入】 ………………………83

任务 4-1　网站首页中图像的应用 ……83

【任务提出】 ………………………83

【学习目标】 ………………………83

【相关知识】 ………………………83

一、插入图像 ………………………84

二、CSS 图像样式 …………………85

【项目实践】 ………………………91

任务 4-2　网站首页中文本的应用 ……92

【任务提出】 ………………………92

【学习目标】 ………………………92

【相关知识】 ………………………93

一、插入文本 ………………………93

二、CSS 字体和文本样式的应用 …………96

【项目实践】 ………………………101

【小结】 ………………………104

【习题】 ………………………104

项目 5

向网站首页添加导航 ………106

【情境导入】 ………………………106

任务 5-1　页面中超链接的使用 …… 106

【任务提出】 ………………………106

【学习目标】 ………………………106

【相关知识】 ………………………106

一、认识超链接 ………………………106

二、创建超链接 ………………………107

三、超链接的具体应用 ·············108

【项目实践】·······················111

任务 5-2 一级导航菜单的设计
开发 ·····················**112**

【任务提出】·······················112

【学习目标】·······················112

【相关知识】·······················112

一、网站导航的样式及设计方法 ·····113

二、伪类控制超链接外观 ···········114

三、按钮式导航菜单的制作 ········116

【项目实践】·······················118

任务 5-3 二级弹出式菜单的定位 ···**121**

【任务提出】·······················121

【学习目标】·······················122

【相关知识】·······················122

一、元素的定位 ···················122

二、定位属性 ·····················123

三、定位具体用法 ·················123

【项目实践】·······················129

【小结】···························132

【习题】···························132

项目 6

网页中列表的应用 ·············**135**

【情境导入】·······················135

任务 6-1 认识列表 ················**135**

【任务提出】·······················135

【学习目标】·······················135

【相关知识】·······················136

一、列表的分类 ···················136

二、CSS 控制列表样式 ·············139

三、列表的应用 ···················142

【项目实践】·······················145

任务 6-2 使用列表制作多级导航 ···**147**

【任务提出】·······················147

【学习目标】·······················147

【相关知识】·······················148

一、列表的嵌套 ···················148

二、多级导航菜单的制作 ··········149

【项目实践】·······················153

【小结】···························155

【习题】···························155

项目 7

使用弹性盒布局二级导航菜单 ···**157**

【情境导入】·······················157

【任务提出】·······················157

【学习目标】·······················157

【相关知识】·······················158

一、认识弹性盒布局 ···············158

二、弹性盒的内容 ·················158

三、弹性盒的 CSS 样式属性 ·······159

四、弹性子元素的属性 ·············165

五、弹性盒的应用 ·················167

【项目实践】·······················170

【小结】···························172

【习题】···························172

项目 8

网页中表格元素的应用 ········**173**

【情境导入】·······················173

【任务提出】·······················173

【学习目标】·······················173

【相关知识】·······················174

一、创建表格 ·····················174

二、CSS 控制表格样式 ·············178

三、表格的应用 ···················181

【项目实践】 ………………… 184

【小结】 …………………………… 186

【习题】 …………………………… 186

项目 9

网页中表单元素的应用………187

【情境导入】 …………………… 187

【任务提出】 …………………… 187

【学习目标】 …………………… 187

【相关知识】 …………………… 188

一、表单的组成 ………………… 188

二、创建表单 …………………… 188

三、表单控件 …………………… 190

四、HTML5 自带表单验证 ……… 197

五、表单样式的应用 …………… 198

【项目实践】 …………………… 202

【小结】 …………………………… 203

【习题】 …………………………… 203

项目 10

向网页中插入视频和音频…… 205

【情境导入】 …………………… 205

【任务提出】 …………………… 205

【学习目标】 …………………… 205

【相关知识】 …………………… 206

一、Web 上的视频 ……………… 206

二、Web 上的音频 ……………… 210

【项目实践】 …………………… 212

【小结】 …………………………… 213

【习题】 …………………………… 213

项目 11

网站首页中的动态效果 ……… 214

【情境导入】 …………………… 214

任务 11-1　实现网站首页的
轮播图 ……………… 214

【任务提出】 …………………… 214

【学习目标】 …………………… 214

【相关知识】 …………………… 215

一、轮播图原理分析 …………… 215

二、搭建基本界面 ……………… 215

三、实现轮播效果 ……………… 216

四、添加定时器自动轮播 ……… 220

【项目实践】 …………………… 223

任务 11-2　实现图片的滑动
轮播 ………………… 224

【任务提出】 …………………… 224

【学习目标】 …………………… 224

【相关知识】 …………………… 225

一、滑动轮播图原理分析 ……… 225

二、搭建基本界面 ……………… 225

三、轮播图中 JS 脚本的应用 …… 228

【项目实践】 …………………… 231

【小结】 …………………………… 234

【习题】 …………………………… 234

项目1
认识网站和网页

【情境导入】

上网对于刚踏进大学校门的小王来说是再熟悉不过的事了，打开浏览器，搜索关键字，海量信息便可随便浏览，动动鼠标就能进入另外一个世界。可是在浏览这些信息的同时，小王的脑海里还盘旋着诸多疑问：这些页面是怎么来的呢？存放在哪里？我能自己开发网站吗？要从哪里开始学习呢？带着这些疑问，小王开始了网站设计与开发的学习。

任务 1-1　网站设计与开发起步

【任务提出】

小王先要学习网站设计与开发的基本概念和原理，对网站和网页形成总体的认识；然后通过理论和实践相结合，了解网站在互联网上的工作原理及网站开发人员必须遵循的万维网（World Wide Web，WWW）标准，认识各种常用浏览器，学会使用浏览器的开发者工具查看网站的结构。

【学习目标】

📖 **知识点**
- 了解网站设计开发的基本概念。
- 理解 Web 标准。

📖 **技能点**
- 学会规划网站的目录结构。
- 学会在 Chrome 浏览器下查看网站结构。

📖 **素养点**
- 树立标准意识，遵守项目开发规范。

微课 1-1

网站设计与
开发起步

【相关知识】

网站是一个系统的组织结构，初学者如果分不清概念，没有做好准备工作就开始埋头写代码，往往会事倍功半。在正式进入网站项目开发之前，我们先要做好准备工作。

一、基本概念

为了更好地理解网站的设计开发过程，我们有必要先理解一些网站常用术语。

1. 网页和浏览器

网页是构成网站的基本元素，是承载各种网站应用的平台，它可以存放在世界上任何一台计算机中，是万维网中的一个页面。

网页要通过网页浏览器来阅读。常用的个人计算机（Personal Computer，PC）端浏览器有IE（Internet Explorer）、火狐（Firefox）、谷歌（Chrome）、Safari 和 Opera 等，还有微软改进IE 推出的内置浏览器 Edge。常用浏览器图标如图 1-1 所示。在众多的浏览器中，Chrome 浏览器凭其简洁、快速、安全的特点，市场占有率一直稳居第一。

图1-1　常用浏览器

在浏览器地址栏中输入网址（Uniform Resource Locator，URL）以后，浏览器经过域名解析、向服务器发送请求、返回结果等一系列复杂的操作以后，在浏览器中显示的内容就是网页。网页的结构是多样化的，通常包括站标（logo）、导航栏、主体内容和版权信息区等，单击超链接可以跳转到其他页面。每一个网页都有一个独立的地址，可以在地址栏上看到。

以 Chrome 浏览器为例，在地址栏中输入网址 www.baidu.com，打开百度页面，在网页上单击鼠标右键，选择快捷菜单中的"查看网页源代码"命令，就可以查看网页的实际内容，如图 1-2 所示。可以看到，网页实际上只是一个纯文本文件。这个纯文本文件通过各种标记对页面上的文本、图像、表格、声音、视频等元素进行描述，由浏览器对这些标记进行解释并生成页面，从而得到我们看到的网页。

图1-2　网页源代码

在网页源代码中我们看不到任何图片等非文本元素，这是因为图片文件与网页文件是互相独立存放的，网页文件中存放的只是图片的链接。

网站开发者按照统一的标准（即 Web 标准）来编写网页文件，网页的扩展名标识了网页文件的类型，例如，.htm 或.html 是用 HTML+CSS+JavaScript 编写的静态网页，.asp、.jsp 和.php则分别是用 ASP、JSP 和 PHP 编写的动态网页。

2. 网站

网站是域名、空间服务器、域名解析、网站程序、数据库等的集合，涉及一系列软硬件技术。近年来随着云计算技术的迅猛发展，租用云服务器搭建虚拟主机使得网站建设更加普及和大众化。

本书的关注点是网站内容的设计与开发。网站内容的本质就是一个文件夹。该文件夹中保存了相关联的所有网页文件及所有资源文件；设计网站就是逐个设计网页，并将它们分类保存在网站文件夹的各个子文件夹中。

一般网站的目录结构呈"树形"分布，如图 1-3 所示。

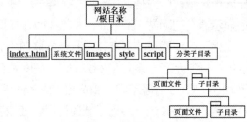

图 1-3　网站目录结构

其中，index.html 是网站的首页文件，它在网站中是不可或缺的，通常该文件被命名为 index，也可以根据实际需要将其更换。index.html 可以是一个静态页面，也可以是一个动态页面。根目录下子文件夹的类别及个数并不固定，需要在规划网站时根据实际需求来确定。

在开发前做好网站规划工作是非常重要的。先要明确用户需求，网站设计开发是展示企业品牌形象、进行产品推广和服务、体现企业发展策略的重要途径，因此必须先与用户进行充分的沟通，明确网站的设计目的和功能。其次，要根据用户需求做出网站总体的设计方案。网站设计是一种视觉语言，要认真规划网站的组织结构，对网站的整体风格和特色做出定位，还要考虑每一个页面的编排和布局，如图 1-4、图 1-5 所示，确保合理，保证页面设计干净、信息表达清晰、背景代码简洁。再次，要注意结构的一致性，包括网站布局、文字排版、导航格式、图片位置的一致性，保证网站或公司名称、企业标志、公司联系信息等标志性元素的统一，保证色彩的统一，标准色最好不要超过 3 种。一个优秀的网站会把视觉表现和良好的用户体验结合起来，做到主题鲜明突出，要点明确，充分表现出网站的特色。这也是 Web 前端开发工程师的主要工作职责之一。

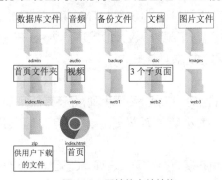

图 1-4　网站的文件结构

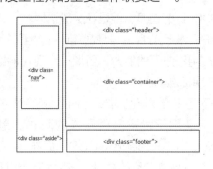

图 1-5　某网页的页面布局

网站规划好后就可以根据规划建立起清晰的网站结构，确保搜索引擎和用户的访问。一般可以按栏目内容分别建立文件夹，即先为网站创建根目录，然后在其中创建多个子文件夹，把资源按类别存放在不同的文件夹中。文件夹层次不要太多，以免系统维护时查找麻烦，建议中小型网站不要超过 3 层。另外，因为很多 Internet 服务器使用的是英文操作系统，不能对中文文件名和文件夹名提供很好的支持——可能导致浏览错误或访问失败，所以要避免用中文命名文件或文件夹。

二、网页的标准化

网页是通过浏览器内核来解释其语法，并渲染到网页上展示给用户的。由于不同的浏览器内核对网页的语法解释有差异，所以同一个网页文件使用不同的浏览器解析出来的效果可能会不一致，为了让所有用户都能看到正常显示的网页，开发人员通常需要测试不同的浏览器。如果浏览器开发商和 Web 开发人员在开发新的应用程序时都能遵守统一的标准，开发人员能够按照统一的标准制作网页，就可以方便地进行网站的维护和扩展。随着浏览器版本的升级换代，浏览器也能确保正确地显示原有的网站。遵守统一标准的 Web 页面还可以使搜索引擎更容易访问并收录网页。

为了促使网页的标准化，万维网联盟（World Wide Web Consortium，W3C）与其他标准化组织共同制定了一系列 Web 标准，使网站在任何浏览环境下都能够被有效访问，例如，使用 IE、Firefox、Opera 等不同的浏览器，或者使用手机、掌上电脑等不同的终端设备，都能得到良好的浏览效果。同时，这一系列标准还可以快速改变网页的样式，开发人员只需对负责表现功能的样式表进行修改，就可以让整个网站焕然一新，而不用反复修改网页中的内容。Web 标准的内容主要包括结构（Structure）、表现（Presentation）和行为（Behavior）3 个方面。

1. 结构标准

结构用于对网页元素进行整理和分类，结构化标准语言主要包括 XML、HTML、XHTML。

（1）XML

可扩展标记语言（Extensible Markup Language，XML）是一种能定义其他语言的语言。XML最初的设计目标是弥补 HTML 的不足，以强大的扩展性满足网络信息发布的需求。现在 XML 主要作为一种数据格式，用于网络数据交换和书写配置文件。

（2）HTML 和 XHTML

超文本标记语言（HyperText Markup Language，HTML）在 HTML4.01 的基础上，又发布了可扩展超文本标记语言（Extensible HyperText Markup Language，XHTML），用于实现HTML 向 XML 的过渡。但是在一般语境中，人们习惯以 HTML 统称 HTML 和 XHTML。现在广泛使用的 HTML5 结合了 HTML4.01 的相关标准并进行了革新，极大地提升了 Web 在富媒体、富内容和富应用等方面的能力，更加符合现代网络发展的要求。

2. 表现标准

如果网页只用结构化标准语言描述，则会让文本、图像等内容从上到下罗列，是不带任何修饰样式的。

表现标准用于设置网页元素的版式、颜色、大小等外观样式，主要指的是层叠样式表（Cascading Style Sheets，CSS）标准。

CSS 标准建立的目的是以 CSS 为基础进行网页布局，控制网页表现。CSS 布局与 HTML 结构语言相结合，可以实现结构和表现的分离，使网站的维护和改版更加方便。CSS3.0 是目前最新的 CSS 标准。

3. 行为标准

行为标准主要包括对象模型，如 W3C DOM、ECMAScript 等。

（1）DOM

文档对象模型（Document Object Model，DOM）是一种与平台和语言无关的应用程序接口（Application Programming Interface，API），可以动态地访问程序和脚本，更新其内容、结构和样式。

（2）ECMA

ECMA（European Computer Manufacturers Association）是以 JavaScript（简称 JS）为基础制定的标准脚本语言。JS 是一种基于对象和事件驱动的客户端脚本语言，广泛用于 Web 开发，常用于在页面中增加各种特效设计，如图片的轮换效果、漂浮的广告效果等。

三、浏览器的开发者工具

我们在设计开发网站的过程中经常需要借鉴一些优秀网站的设计，例如，在开发过程中遇到了一些很难的布局，或者对产品经理提出的要求无从下手时，都可以通过浏览器的开发者工具来学习现有网站的设计。

以 Chrome 浏览器为例，打开网页以后按 F12 键或者在浏览器的工具菜单中找到"开发者工具"，在网页右侧就可以看到该网站的目录结构，以及当前页面的 HTML 结构、CSS 样式、JS 脚本等，如图 1-6 所示。

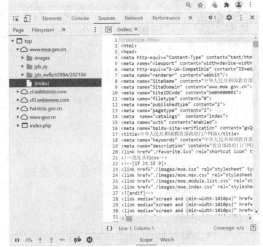

Chrome 开发者模式最常用的功能模块是元素（Elements）和源代码（Sources）。

在 Elements 页面可以查看或修改 HTML 元素的属性、CSS 属性、监听事件、断点等。通常前端开发人员在按照效果图编辑网页时，需要编写边调，经过多次调试后才能达到要求的效果，开发者工具可以即时修改 CSS，并即时显示修改后的效果，能形象直观地帮助程序员调试代码，提高开发效率。

图 1-6　网页的开发者模式

在 Sources 页面可以查看当前网页的所有源文件，包括 HTML 文件源代码、JS 源代码、CSS 源代码等，它们以树形结构展示在左侧，这些文件的内容我们都可以单击查看。

【项目实践】

在 Chrome 浏览器下，向地址栏中输入山东商职的网址，打开网站首页，按 F12 键，进入调试状态，单击"Sources"，查看该网站的目录结构，并打开 index 文件以查看页面代码，如图 1-7 所示。

图 1-7　Chrome 浏览器调试状态下的网页

任务 1-2　制作第一个网页

微课 1-2

制作第一个网页

【任务提出】

国庆节快到了，学校将举办迎国庆诗词鉴赏大会，小王决定设计一个古诗词网页。本任务小王将分别在记事本和 HBuilder 网页编辑器这两种编辑环境下书写并理解 HTML5 文档的基本格式，学会使用简单标记，最终在浏览器中浏览生成的古诗词网页。

【学习目标】

📖 **知识点**
- 掌握 HTML5 文档的基本格式。
- 理解 Web 标准。

📖 **技能点**
- 学会使用 HBuilder 创建简单的网页。

📖 **素养点**
- 坚定文化自信，树立民族自信心。

【相关知识】

"工欲善其事，必先利其器"，小王先要选择一个合适的编辑器，从基本结构开始，使用最简单的标记完成第一个任务。

一、常用 HTML 编辑器

不同厂商提供了众多 HTML 编辑器，这些编辑器各有优点，选择一款顺手的 HTML 编辑器在开发中可以事半功倍。

1. 记事本

记事本是初学者学习写 HTML 文件时经常会用到的一个工具，因为网页本身就是超链接文本文件，在记事本中输入 HTML 代码后，如图 1-8 所示，在"文件"菜单中选择"另存为"命令，将文档保存为扩展名为.htm 或者.html 的文件，使用浏览器打开该文件就可以浏览网页了。

2. HBuilder X

HBuilder 是 DCloud 推出的一款支持 HTML5 的 Web 集成开发环境，主体由 Java 编写，其运行速度快，通过完整

图 1-8　使用记事本编辑网页文件

的语法提示和代码输入法、代码块等能大幅提升 HTML、JS、CSS 的开发效率。HBuilder X 是 HBuilder 的下一代版本，如图 1-9 所示，官方自述为"轻如编辑器、强如 IDE 的合体版本"，其体积小、灵活，而且由我国的前端开发人员编写，所以在使用上更加符合我们中国人的开发习惯。

图 1-9　使用 HBuilder X 编辑网页文件

3. Dreamweaver CS

Dreamweaver CS 是软件厂商 Adobe 推出的一套拥有可视化编辑界面、可用于编辑网站和移动应用程序的代码编辑器。它支持代码、拆分、设计、实时视图等多种方式来创作、编写和修改网页，如图 1-10 所示。初级人员无须编写任何代码就能快速创建 Web 页面，其成熟的代码编辑工具更适用于 Web 开发高级人员的创作。Dreamweaver CS6 增加了自适应网格版面创建页面的功能，在发布前使用多屏幕预览审阅设计，可大大提高工作效率。所以 Dreamweaver CS 也是一个比较好的 HTML 代码编辑器。

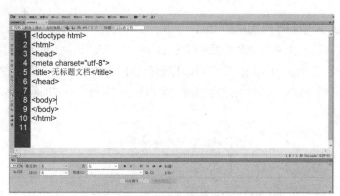

图 1-10　使用 Dreamweaver CS 的代码模式编辑网页文件

4. Sublime Text

Sublime Text 是一款具有代码高亮显示、语法提示、自动完成功能且反应快速的编辑器软件，如图 1-11 所示。它不仅具有华丽的界面，还支持插件扩展机制，例如，插件 View In Browser 就可以非常方便地预览编写的网页效果，所以它是前端开发人员非常喜爱的一个编辑器。

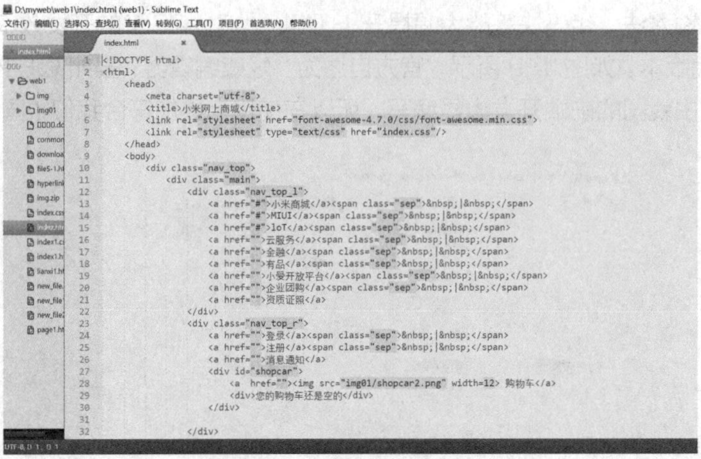

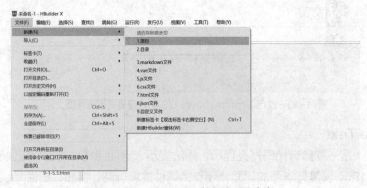

图 1-11　使用 SublimeText 汉化版编辑网页文件

以上几种编辑器使用起来都比较方便，本书选用 HBuilder X 编辑器，读者也可以根据自己的喜好和使用习惯选择其他 HTML 编辑器。

> **素养**
> **提示**　坚定文化自信，树立民族自信心。HBuilder 是由国内创业公司 DCloud（数字天堂）推出的一款 Web 集成开发环境，面向中国用户永久免费。它代表了新一代开放服务的方向，是基于持续更新的云知识库的高效开放工具，大幅提升了 HTML、JS、CSS 的开发效率，丝毫不逊于国外的众多前端编辑器。

二、创建古诗词网页

1. 在 HBuilder X 中制作最简单的页面

在 HBuilder 官网可以免费下载最新版的 HBuilder X。HBuilder X 目前有两个版本，一个是 Windows 版，另一个是 macOS 版，用户可以根据自己的计算机环境选择合适的版本。

安装好以后，打开 HBuilder X 软件，依次选择"文件"→"新建"→"项目"命令，如图 1-12 所示。

图 1-12　HBuilder X 的新建项目命令

在"新建项目"对话框中选中"普通项目"单选按钮，确定好项目保存的位置，如图 1-13 所示，单击"创建"按钮就可以建立一个新项目了。

图1-13 "新建项目"对话框

创建项目以后，在该项目下依次选择"文件"→"新建"→"html 文件"命令，可以新建一个 HTML 文档，如图 1-14 所示。

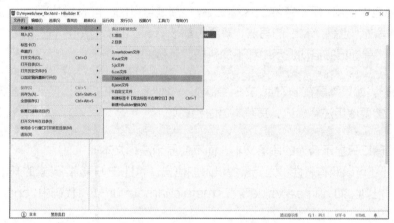

图1-14 新建 HTML 文件的窗口

这时，我们会发现 HBuilder X 提供了 HTML5 文档的基本模板。

2. HTML5 文档结构和基本语法

```
<!DOCTYPE html>
<html>
    <head>
        <meta charset="utf-8">
        <title></title>
    </head>
    <body>
        <!-- 文档主体标记，定义页面显示的内容 -->
    </body>
</html>
```

在 HTML5 文档的基本模板中，<!DOCTYPE html>用来声明 HTML 版本，指明网页遵循的规范。

页面以<html>标记开始，到</html>标记结束，一对<html></html>标记表示一个页面，也称为 HTML 文档的根标记或根元素。因为 html 元素中不包含 DOCTYPE，所以<!DOCTYPE>声明必须位于<html> 标记之前。

页面内有文档头部标记<head></head>和文档主体标记<body></body>两部分。

（1）HTML 标记及其属性

在 HTML 页面中，带有"＜＞"符号的元素称为 HTML 标记或 HTML 标签。HTML 标记可以分为双标记、单标记、注释标记。

① 双标记。双标记也称体标记，是指由开始和结束两个标记符组成的标记，其基本语法格式如下。

```
<标记名>内容</标记名>
```
举例如下。
```
<title>标题内容</title>
```

② 单标记。单标记也称空标记，是指用一个标记符号即可完整地描述某个功能的标记，其语法格式如下。
```
<标记名 />
```

单标记因为只有一个标记符，所以一般在标记的尾部加一个"/"作为结束标志。

HTML5 规范中使用<标记名>或者<标记名 />都是可以的，前者是 HTML 的写法，后者是 XHTML1.1 的写法，也是 XML 的写法，解释时都被承认。当我们使用 HBuilder X 编辑器编写 HTML5 文档时，单标记的自动提示中都不加斜杠，示例如下。
```
<meta charset="utf-8">
```

③ 注释标记。如果需要在 HTML 文档中添加一些便于阅读和理解，但又不需要显示在页面中的注释文字，就需要使用注释标记，其基本语法格式如下。
```
<!-- 注释语句 -->
```
最终浏览器窗口只显示普通的段落文本，而不会显示注释文本。

HTML 标记还可以拥有属性，为元素提供附加信息。属性在 HTML 元素的开始标记中规定以名称/值对的形式出现，如 name="value"。在<meta charset="utf-8">代码中，charset 就是 meta 标记的属性，该属性的取值为"utf-8"。

（2）<!DOCTYPE>声明

<!DOCTYPE> 声明位于文档中最前面的位置，处于<html>标记之前。DOCTYPE 是 Document Type（文档类型）的简写，它不是一个 HTML 标记，主要用来告知 Web 浏览器页面使用了哪种 HTML 版本。只有确定了正确的 DOCTYPE，HTML 中的标识和 CSS 样式才能正常生效。

<!DOCTYPE html>用来声明 HTML5，而 HTML4.01 则用<!DOCTYPE html PUBLIC"-//W3C//DTD XHTML1.0 Transitional//EN">来声明。这是因为 HTML4.01 是基于标准通用标记语言（Standard Genera Markup Language，SGML）的，所以<!DOCTYPE>声明时需引用文档类型定义（Document Type Definition，DTD），DTD 指定了标记语言的规则，确保浏览器能够正确地渲染内容。HTML5 不是基于 SGML 的，因此不要求引用 DTD，其在声明方式上要简单得多。

（3）HTML 文档头部标记<head>

文档头部标记<head>和</head>之间可以设置页面标题和页面参数的相关标记、定义 CSS 及 JS 代码、引用外部样式文件或外部脚本文件。除脚本代码以外，<head>与</head>之间的标记只控制页面的性能而不会显示在网页上。

一个 HTML 文档最多拥有一对<head></head>标记，其中通常嵌套有<title></title>、<meta>、<link>等标记。

① <title></title>标记用来设置页面标题。一个网页最多使用一对<title></title>标记，也可以省略，其格式如下。

```
<title> [文档标题文本] </title>
```

<title>标记用于将指定文本指定为浏览器窗口标题，如图 1-15 所示。如果省略<title>标记，则显示默认标题，一般为页面路径或浏览器名称版本。

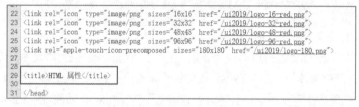

图 1-15　网页的标题

② <meta> 标记可提供有关页面的元信息。<meta>标记能够提供文档的关键字、作者及描述等多种信息，它定义的信息并不显示在浏览器中。在 HTML 文档的头部可以包含任意数量的<meta>标记，常见用法有以下几种。

a. 规定语言编码，示例如下。

```
<meta charset="UTF-8">
```

这一句代码在 HTML5 的模板中已经提供给用户，告知浏览器此页面将使用 UTF-8 字符编码格式，以便浏览器做好"翻译"工作。其中 UTF-8 是国际通用的语言编码，能支持各国语言，也能完美地支持中文编码。在国内也会见到一些网站使用 GB2312 编码，GB2312 属于中文编码，主要针对国内用户使用，如果国外用户访问使用 GB2312 编码的网站，就会出现乱码，如果我们开发的网站想让国外用户正常访问，则最好使用 UTF-8 编码。

b. 提供搜索引擎信息，格式如下。

```
<meta name="keywords" content="内容关键字 1,关键字 2,…" >
```

<meta>标记的 name/content 属性可为网络搜索引擎提供信息，其中 name 属性提供搜索内容名，content 属性提供对应的搜索内容值，示例如下。

```
<meta name="keywords" content="山东,商职,职业,技术,学校">
```

c. 为浏览器提供相关参数，格式如下。

```
<meta http-equiv="名称" content="值">
```

<meta>标记的 http-equiv/content 属性可设置服务器发送给浏览器的超文本传输协议（HyperText Transfer Protocol，HTTP）头部信息，为浏览器显示该页面提供相关的参数。其中 http-equiv 属性提供参数类型，content 提供对应的参数值。示例如下。

```
<meta http-equiv="refresh" content="页面自动刷新秒数">
<meta http-equiv="refresh" content="秒数;url=页面 url">
```

延时后刷新或者自动转向指定页面的代码如下。

```
<meta http-equiv="refresh" content="5;url=http://www.baidu.com">
```

间隔 5 秒后，自动转到百度页面。

  <meta>标记提供的信息对用户不可见，是文档最基本的信息，它提供的元数据将服务于浏览器、搜索引擎和其他网络服务。

  ③ <link>标记可引用外部文件。一个页面允许使用多个<link>标记引用多个外部文件，示例如下。

```
<link rel="stylesheet" href="public/css/page1.css">
<link href="/style.css" rel="stylesheet" type="text/css">
<link href="/images/slideshow.css" rel="stylesheet">
```

（4）HTML 文档主体标记<body>

  HTML 文档主体标记<body></body>用于定义页面所要显示的内容，除使用脚本添加的特效之外，浏览器页面所显示的所有文本、图像、音频和视频等元素都必须位于<body>和</body>标记之间。

  一个 HTML 文档最多使用一对<body></body>标记，这对标记必须在<head></head>标记之后。

  <body></body>中常用的标记如下。

  ① <h1>~<h6>标题标记。为了使 HTML 文档更具有语义，我们经常会在页面中用到标题标记。HTML 提供了 6 个等级的标题，即<h1>、<h2>、<h3>、<h4>、<h5>和<h6>，<h1>~<h6>层级依次递减，它们均为双标记。语法格式如下。

```
<hn>标题文本</hn>
```

n 的取值为 1~6，示例如下。

```
<body>
        <h1>1 级标题</h1>
        <h2>2 级标题</h2>
        <h3>3 级标题</h3>
        <h4>4 级标题</h4>
        <h5>5 级标题</h5>
        <h6>6 级标题</h6>
</body>
```

  选择"运行"→"运行到浏览器"→"Chrome"命令运行上述代码，效果如图 1-16 所示。

图 1-16　<h1>~<h6>的显示效果

  从图 1-16 中可以看出，默认情况下标题文字是加粗左对齐的，并且<h1>~<h6>的字号递减。

  ② <p></p>段落标记。网页中的文字也要分段落显示，整个网页可以分为若干个段落，而段落的标记就是<p>，其基本语法格式如下。

```
<p>段落文本</p>
```

  <p>是 HTML 文档中最常见的标记，是双标记。默认情况下，文本在一个段落中会根据浏览器窗口的大小自动换行。

③ <hr>水平线标记。在网页中常常会看到一些水平线将段落与段落隔开，使文档结构清晰，层次分明。这些水平线可以通过插入图片来创建，也可以简单地通过标记来创建，<hr>就是创建横跨网页的水平线的标记，是单标记。

④
换行标记。在 HTML 中，一个段落中的文字会从左到右依次排列，直到浏览器窗口的右端，然后自动换行。如果希望文本在某个段内强制换行显示，直接按回车键换行就不起作用了，需要使用换行标记
。

【例 1-1】制作一个古诗词网页。

```
<!DOCTYPE html>
<html>
    <head>
        <meta charset="utf-8">
        <title>body 中的常用标记</title>
    </head>
    <body>
        <h2>念奴娇·赤壁怀古</h2>
        <h5>苏轼</h5>
        <hr>
        <p>大江东去，浪淘尽，千古风流人物。<br>
        故垒西边，人道是，三国周郎赤壁。<br>
        乱石穿空，惊涛拍岸，卷起千堆雪。<br>
        江山如画，一时多少豪杰。</p>
    </body>
</html>
```

在编写网页时要注意，标记名不区分大小写，但要尽量统一，一般都使用小写。标记和属性用空格隔开，属性和属性值用等号连接，属性值放在""内。HTML5 本身对于语法要求比较宽松，允许一些元素省略结束标记，也允许部分属性省略属性值。例如，在上面的代码中，如果省略掉</p>，则浏览器也可以正确解释该网页，但是不推荐这样书写。

上述代码运行至 Chrome 浏览器后，可以得到图 1-17 所示的网页效果。

选择"运行"→"运行到浏览器"→"Edge"命令，运行 Edge 浏览器后，可以得到图 1-18 所示的网页效果。

图 1-17　在 Chrome 浏览器中运行
例 1-1 后的页面效果

图 1-18　在 Edge 浏览器中
运行例 1-1 后的页面效果

在以上两种浏览器中，各 HTML 元素的表现形式均为该浏览器的默认样式，可见不同浏览器对于相同元素的默认样式并不一致。这是由于不同内核的两个浏览器在某些元素的表现上会存在差异，如字体的选择、缩进的大小等。为了保证浏览器的兼容性，我们往往要利用 CSS 样式规则来重设浏览器的默认样式，也就是覆盖掉浏览器的默认样式。本书案例如未特别说明，则都默认使用 Chrome 浏览器打开。

> **素养**
> **提示**
> 古诗词是中华民族的文化瑰宝，不仅给人以艺术的熏陶，还能启迪智慧、陶冶情操。苏轼的这首词气势豪放，随口诵读即可感受到古代文人境界之宏大。

3. HTML 的树形文档结构

HTML 文档结构属于树形结构，因此经常把 HTML 文档称为文档树，如图 1-19 所示。

HTML 文档中的每个标记称为文档树的一个元素或节点，其中上层元素（外层标记）是所有下层元素（内层标记）的父元素，下层元素是所有上层元素的子元素。<html>标记是所有标记的父元素，也称为根元素。在一个 HTML 文档中，不但可以通过根节点去寻找到每个子层节点元素，而且从任意一个元素节点出发，都可以通过节点关系找到其他元素。所以在书写时一定要正确嵌套，方便在后续开发中解析 HTML 文档的树结构。例如，在 JS 中将每个标记节点当作一个对象，可通过 DOM 中的各种方法获取指定的元素或指定组合的元素。

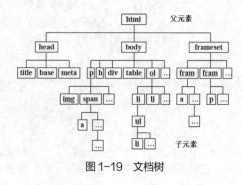

图 1-19 文档树

【项目实践】

参照以下代码，使用记事本和 HBuilder X 分别尝试建立 HTML 页面。

```html
<!DOCTYPE html>
<html>
    <head>
        <meta charset="utf-8">
        <title>茶文化</title>
    </head>
    <body>
        <h2 style="text-align:center; color:blue" >中国茶</h2>
        <hr>
        <p style="color:red">中国是茶的故乡，也是茶文化的发源地。中国饮茶起源众说纷纭：追
溯中国人饮茶的起源，有的认为起于上古，有的认为起于周，起于秦汉、三国、南北朝、唐朝的说法也都有，造成众
说纷纭的主要原因是唐朝以前无"茶"字，而只有"茶"字的记载，直到茶经的作者陆羽，方将茶字减一画而写成"茶"，
因此有茶起源于唐朝的说法。其他还有起源于神农、起源于秦汉等说法。</p>
    </body>
</html>
```

页面运行效果如图 1-20 所示。

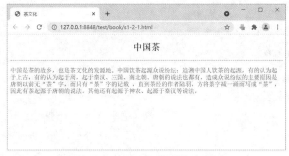

图 1-20　HTML 页面的运行效果

在此文档中，标记<h2>和<p>中使用了 style 属性重设其默认样式，具体说明如下。

● text-align:center;设置文本的对齐效果为居中。

● color:blue/red;设置文本颜色为蓝色或者红色。

1. 在记事本中完成

初学者使用记事本编写网页有助于记忆文档格式及各种标记，熟练之后可以借助各类编辑器的提示功能提高编写效率。

打开记事本程序，输入如上代码，然后选择"文件"→"另存为"命令将文档保存为扩展名为.html 的文件，如图 1-21 所示。

图 1-21　记事本的"另存为"操作

生成 HTML 文件以后就可以使用浏览器打开它了，可是打开的时候有时会出现图 1-22 所示的乱码，这是什么原因呢？

虽然在文档的<head></head>部分我们已经使用<meta>标记的 charset 属性规定了 charset="utf-8"，但是显然浏览器对中文字符并没有正确识别。主要原因是 Windows 记事本的跨平台兼容性不好，早期 Windows 是 ANSI 字符集的，也就是我们看到的记事本的默认编码，这种默认编码方式并不是确定的一种编码。在遇到字符时，记事本会根据不同的 Windows 语言版本选用不同的编码方式，例如，在简体中文操作系统中使用 GB2312（汉字编码字符集），在繁体操作系统中使用 BIG5（大五码，繁体汉字字符集标准），在日文操作系统中使用日本工业标准（Japan Industrial Standards，JIS）等，保存和读取采用的编码标准不同网页就乱套了。基于 Unicode 字符集的文本可以用多种编码来存储、传输，所以我们在另存为 HTML 格式时选择"Unicode"或者"UTF-8"编码方式就不会出现乱码了，如图 1-23 所示。

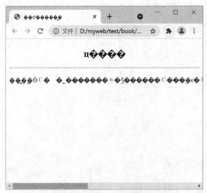

图 1-22　网页乱码

图 1-23　选择合适的编码方式

2. 在 HBuilder X 中完成

记事本毕竟不是网页开发中使用的专业文本编辑器，在熟悉了 HTML5 文档的基本格式以后，建议使用 HBuilder X 等专业的编辑器进行网站开发。

在 HBuilder X 中依次创建项目和 HTML 文件以后，HBuilder X 会自动给出 HTML5 文档的基本模板，按照要求分别补充 <title></title>、<body></body> 等标记内容即可，如图 1-24 所示。

图 1-24　在 HBuilder X 中编辑网页

代码编辑完成后，可以选择"运行"→"运行到浏览器"→"Chrome"命令，到浏览器中查看网页效果。

【小结】

本项目主要介绍了网站和网页的基本概念和工作原理、各种常见浏览器及 Chrome 浏览器下的开发者工具的使用，并且通过完成一个简单的网页来让学习者理解并掌握 HTML5 文档的基本语法结构，熟悉记事本及 HBuilder X 编辑环境的使用。通过学习，我们要深入理解网页标准化的意义，将 Web 标准作为网站开发人员共同遵循的准则，以指导我们后续的开发工作。

【习题】

一、填空题

1. HTML 文档基本结构包括＿＿＿＿＿和＿＿＿＿＿两部分，<title>和<meta>应放于＿＿＿＿＿部分。

2. HTML 的中文全称是_____。

3. _____标记用于表示 HTML 文档的结束;_____标记用于使一行文本换行,而不是插入一个新的段落。

4. HTML5 的正确 DOCTYPE 是_____。

二、选择题

1. 浏览器针对 HTML 文档起到了什么作用?(　　　)

A. 浏览器用于创建 HTML 文档

B. 浏览器用于查看 HTML 文档

C. 浏览器用于修改 HTML 文档

D. 浏览器用于删除 HTML 文档

2. 默认情况下,使用<p>标记会形成什么效果?(　　　)

A. 在<p>标记所在位置加入 8 个空格

B. <p>后面的文字会变成粗体

C. 开始新的一行

D. <p>后面的文字会变成斜体

3. 下面关于 HTML 的说法错误的是(　　　)。

A. HTML 是一种标记语言

B. HTML 可以控制页面和内容的外观

C. HTML 文档总是静态的

D. HTML 文档是超文本文档

4. 许多搜索引擎都会根据网页的(　　　)标记提供的信息进行搜索。

A. head　　　　　　　B. link　　　　　　　C. meta　　　　　　　D. ul

5. 为了标识一个 HTML 文档的开始与结束,应该使用的 HTML 标记是(　　　)。

A. <p>与</p>

B. <body>与</body>

C. <html>与</html>

D. <table>与</table>

6. 关于 Web 标准,以下说法正确的是(　　　)。

A. Web 标准只包括 HTML 标准

B. Web 标准是由浏览器的各大厂商联合制定的

C. Web 标准特指某一个标准

D. Web 标准主要包括结构标准、表现标准和行为标准 3 个方面

7. 负责解释执行 JavaScript 的是(　　　)。

A. 服务器　　　　　　B. 编辑器　　　　　　C. 浏览器　　　　　　D. 编译器

三、思考题

1. 什么是 Web 浏览器?

2. 简述建设一个网站的具体步骤。

3. 简述 Web 浏览器打开一个 Web 文件的工作过程。

项目2
网页的蓝图——简单布局

02

【情境导入】

小王学习了几个常用标记后很快就做出了一个网页,可是这个网页只有文字,看起来既单调又不美观,离网络上的商业网站还差得远呢!于是小王专门去请教了李老师,李老师说我们做前端页面要树立一种"模块化"的思维,就像给报纸杂志排版一样,要确定好各模块的大小和位置,再考虑内部细节。小王恍然大悟,原来网页开发要从大局着手,那就先学习如何摆放这些模块吧!

任务 2-1 使用 CSS 装饰网页

微课 2-1

使用 CSS 装饰网页

【任务提出】

为了便于理解,李老师给小王画了简单的布局图,如图 2-1 所示。小王想将代表不同版块的大小不一的模块呈现在网页中,如何才能控制这些页面元素的外观呢?我们知道在符合 W3C 标准的Web 页面中,HTML 负责内容组织,CSS 负责网页元素的版式、颜色、大小等外观样式。本任务主要学习如何对 HTML 元素应用CSS 样式,实现对页面元素外观的控制。

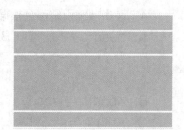

图 2-1 单栏式布局

【学习目标】

📖 **知识点**
- 理解 DIV+CSS 网页布局。
- 掌握 3 种 CSS。

📖 **技能点**
- 学会使用 DIV+CSS 进行简单的页面布局。
- 学会根据需要使用 3 种 CSS。

📖 **素养点**
- 了解并应用"分而治之"的思想。

【相关知识】

样式表是网页的"外衣",用于装饰网页。绝大多数页面元素都有自己的样式属性,这些样式属性集合到一起就构成了样式表。

一、DIV+CSS 网页布局

DIV+CSS 是基于 W3C 标准的网页布局理念,其中 DIV 泛指<div>等页面标记,可以理解为"盒子",DIV 在页面上占据一定大小的矩形区域,CSS 不仅可以静态地修饰网页,还可以配合各种脚本语言动态地对网页各元素进行格式化。二者的结合完全有别于以往的排版方式(如 table 排版),基本流程是先在页面整体上使用 DIV 划分内容区域,然后用 CSS 进行定位,最后在相应的区域内添加具体内容。

1. 用 DIV 划分页面

使用 DIV 将页面进行划分是网站页面排版的第一步,主要目的是确定好网页整体框架。以最常见的网页为例,页面一般可划分为 banner(网页横幅)、菜单主导航、主体内容、footer(页面底部,又叫作脚注)几部分。主体内容一般来说相对复杂,需要根据内容本身去考虑页面的版式,例如,是否需要二级菜单?如何放置?页面主体内容是双栏式还是"左中右"3 栏式?一般计算机端上运行的网站采用多栏式页面,内容少一些的页面采用两栏式,如图 2-2 所示,大型网站和门户网站大多使用"左中右"3 栏式页面。

2. 用 CSS 定位

把页面的 DIV 框架确定后就可以使用 CSS 对各个"盒子"进行定位,包括盒子的大小、位置、填充、边框、与周围盒子的距离及盒子之间是否重叠覆盖等,这些需要根据具体的样式属性来设置。

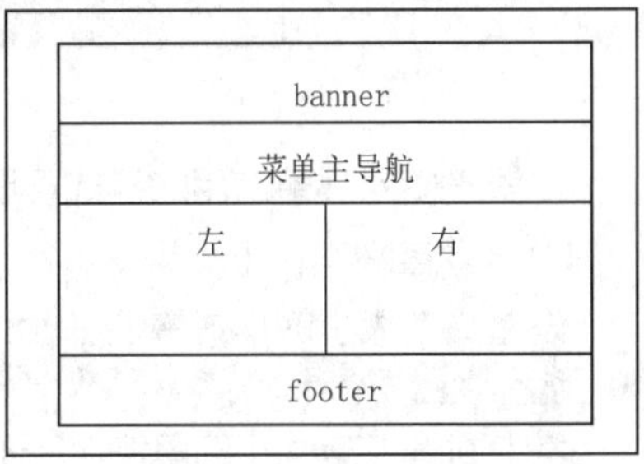

图 2-2　两栏式典型页面

3. 细分各个内容块

用 CSS 将页面中大的内容块确定好以后,就可以对各个块再次进行细致规划,决定每个块的内容及结构,最后根据需要向块内部添加文本、图像、视频、表格等内容,这个过程重复了第一步的操作。

> **素养提示**　"治众如治寡"是中国古代兵法家孙子提出来的一种方法论和管理学思想。软件工程中也常使用这种"分而治之"的思想,即无论多么复杂的系统,都可以解构成小的模块。同样,网站开发时,无论网页有多么复杂的需求和功能,我们都可以将其拆分成容易实现的最小单元。平时我们也可以使用"分而治之"的思想来管理我们的生活和工作。

二、CSS

图 2-3 所示为最简单的网页框架,其已经划分好了页面布局,采用单栏式页面,自上向下分为 4 个部分,那么如何对这些内容块的大小、位置等参数进行具体设置呢?这就需要在 HTML 文档的基础上添加 CSS。如果把一个网页看成一个人,那么 HTML 相当于人的骨架,是结构;CSS 相当

于人的外衣，是外在表现。

1. CSS 简介

CSS 是若干样式规则的集合。每个样式规则都是由选择器和声明块两个基本部分组成的，其格式如下。

选择器 { 声明块 }

选择器决定为哪些元素应用样式，如 p、h1 等。

声明块定义相应的样式，它包含在一对大括号内，由一条或多条样式声明组成，每一条声明由一个样式属性和属性值组成，中间用英文冒号（:）隔开，每一条样式声明以英文分号（;）结束，其格式如下。

样式属性:属性值;

图 2-3　单栏式页面

这里先使用几条常用的样式声明，不扩展讲解，后面我们边学习边积累。

（1）设置文本大小

设置文本大小的样式属性是 font-size，样式声明如下。

```
font-size : 35pt;
```

其中 pt 是文本大小的单位，全称为 point，印刷行业称为"磅"，大小为 1/72 英寸。还可以使用另一个单位 px，全称为 pixel（像素），是屏幕上显示数据的最基本的点，具体大小与屏幕分辨率有关。

（2）设置颜色

设置文字颜色的样式属性是 color，设置背景色的样式属性是 background-color，用法如下。

```
color:red;
background-color: #FF0000;
```

CSS 中的颜色可以使用颜色的英文名称表示，如 blue、green、black、yellow 等，注意不要拼写错误。更常见的是使用十六进制数将颜色表示为红、绿、蓝 3 种颜色值的结合，以 # 符号开始，3 组双位数字依次表示红色、绿色、蓝色，每组取值范围从最低值 0（十六进制 00）到最高值 255（十六进制 FF），例如，#FF0000 表示红色，#990000 表示浅红色，#FFFF00 表示黄色。

以上两个样式属性虽然都设置了颜色，但是应用对象不同，要区分开。

（3）设置内容块的大小

内容块的宽高分别使用 width 和 height 两个样式属性设置，用法如下。

```
width:200px;
height:100px;
```

以上代码设置内容块的宽度为 200px，高度为 100px。

　　这些样式规则最终要应用于页面中的一个或者多个元素，树形结构中的子元素能够继承父元素定义的大多数样式，而且同一元素的样式可以多次定义，如果不发生冲突，则全部样式可以叠加起来应用；发生冲突时，根据优先级依照内层优先、后定义优先的原则进行覆盖，即内层子元素样式覆盖父元素样式，后定义的样式覆盖先定义的样式。

2. CSS 的优点

　　现在无论是各大门户网站，还是个人网站，都已经把 DIV+CSS 作为 Web 前端开发的行业标准。DIV+CSS 的标准化网页设计主张将网页内容和形式完全分开，网页内容放置在<body>和</body>之间，形式则由 CSS 来定义，这种方法的优点如下。

　　（1）表现和内容分离。将设计部分剥离出来放在一个独立的样式文件中，大大缩减了页面代码。

　　（2）缩短改版时间。只要简单地修改几个 CSS 文件就可以重新设计一个有成百上千个页面的站点。

　　（3）一次设计，多次使用。可以将站点上同类风格的内容都使用同一个 CSS 文件进行控制，如果改动 CSS 文件，那么多个网页都会随之发生变动。

3. CSS 的使用

　　根据样式规则书写的位置不同，可以将 CSS 分为 3 种，分别是内嵌样式表、外部样式表、内联样式表。

　　（1）内嵌样式表

　　如果开发人员只需定义当前网页的样式，就可使用内嵌样式表。内嵌样式表"嵌"在当前网页的<head>和</head>标记之间，这些样式只能应用于当前网页。

　　内嵌样式表由一对<style></style>标记定义，<style></style>标记之间存放着若干样式规则，其格式如下。

```
<head>
    <style type="text/css">
        样式规则
    </style>
    /*头部的其他标记*/
</head>
```

【例 2-1】应用内嵌样式表。

　　在 HTML 文档中写入如下代码。

```
<head>
<title>内嵌样式表</title>
<style type="text/css">                              内嵌样式表
    h3{ font-size:20pt; font-family:"微软雅黑";}
    p{ width: 200px; height: 100px; background:blue;}
</style>
</head>
<body>
        <h3>这是蓝色盒子</h3>
        <p></p>
        <br>
        <p></p>
</body>
```

　　在代码中，内嵌样式表分别为 h3 和 p 标记设置了样式规则，多个样式规则可以同时应用到某一个页面元素上，但是多个样式规则之间不论是否换行，都必须用分号分隔，最后一个样式规则后的分号可以省略（为便于增加新样式规则，建议保留最后的分号）。当前页面中的所有 h3 和 p 标记都要遵守这些规则。

页面在 Chrome 浏览器中运行的效果如图 2-4 所示。段落 p 虽然没有内容，但是仍然在页面上占据一块区域。

（2）外部样式表

如果要在多个网页上一致地应用相同样式，则可使用外部样式表。在一个扩展名为.css 的外部样式表文件中定义样式，并将它们链接到所需网页，这样多个网页可以共用相同的样式，确保多个网页外观的一致性。如果需要更新样式，则只需在外部样式表中进行修改，该修改就会应用到所有与该样式表相链接的网页。

图2-4　运行例 2-1 的结果

首先，新建一个扩展名为.css 的样式表文件，将样式规则集中写在该样式表文件中，格式如下。

```
选择器 1 { 属性名 1:属性值 1; 属性名 2:属性值 2; … ;属性名 n:属性值 n; }
选择器 2 { 属性名 1:属性值 1; 属性名 2:属性值 2; … ;属性名 n:属性值 n; }
…
```

然后，在 HTML 文档中的<head></head>部分使用<link>标记引用外部样式表文件，格式如下。

```
<head>
    <title>外部样式表</title>
     …
    <link href="相对或绝对路径/样式文件.css" type="text/css" rel="stylesheet" />
     …
</head>
```

注意　① 在 HTML5 中 type 属性不是必需的，所以<link>标记中的 type="text/css"可以省略，但是其他两个属性不可以省略。

② 在 HTML 中只要是涉及外部文件链接的地方（如外部样式表文件、超级链接、图片等），就会涉及绝对路径或者相对路径的使用。

● 绝对路径是指文件在硬盘上真正存在的路径，例如，E:\book\1.css 表示 1.css 文件放在本机 E 盘的 book 目录下。在网页编程时很少会使用绝对路径，因为将工程文件上传到 Web 服务器后，文件位置发生了改变，所以还按照原来的绝对路径去找就找不到该文件了。

● 相对路径是相对于当前文件的目标文件位置。例如，在当前 HTML 文件里链接了"1.css"文件，相对路径就是从当前文件出发，向上一级使用"../"来间隔，向下一级使用"/"来间隔，在同一个目录就省略路径，一步一步找到目标文件名，例如，../style/1.css 和/css/1.css 都是相对路径。这样只要这两个文件的相对位置没有变，那么无论上传到 Web 服务器的哪个位置，都能正确找到目标文件。

通常在网页中指定外部文件时，都会使用相对路径。

③ 一个样式表可以被多个页面文件引用，一个页面文件也可引用多个样式表。

【例 2-2】多个网页共享同一个外部样式表。

步骤 1：选择"文件"→"新建"→"css 文件"命令，创建样式表 common.css，代码如下。

```
p {
```

```
        font-family: 华文楷体;
        font-size: 18px;
        color: #FF00CC;
}
h2 {
        font-family: 黑体;
        font-size: 28px;
        background-color: #CCFF33;
        text-align: center;
}
```

步骤 2：选择"文件"→"新建"→"html 文件"命令，在同一目录下创建 page1.html，代码如下。

```
<html>
    <head>
        <meta charset="utf-8">
        <title>李白诗词</title>
    </head>
    <body>
        <h2>将进酒</h2>
        <h3><a  href="#">作者：李白</a></h3>
        <p>君不见黄河之水天上来，奔流到海不复回。</p>
        <p>君不见高堂明镜悲白发，朝如青丝暮成雪。</p>
        <p>人生得意须尽欢，莫使金樽空对月。</p>
        <p>天生我材必有用，千金散尽还复来。</p>
    </body>
</html>
```

其中<a href="#"></a>为超链接标记，#是超链接的地址，href="#"代表目前这个链接为空链接。

步骤 3：创建 page2.html，代码如下。

```
<html>
    <head>
        <meta charset="utf-8">
        <title>杜甫诗词</title>
    </head>
    <body>
        <h2>登高</h2>
        <h3><a  href="#">作者：杜甫</a></h3>
        <p>风急天高猿啸哀，渚清沙白鸟飞回。</p>
        <p>无边落木萧萧下，不尽长江滚滚来。</p>
        <p>万里悲秋常作客，百年多病独登台。</p>
        <p>艰难苦恨繁霜鬓，潦倒新停浊酒杯。</p>
    </body>
</html>
```

步骤 4：把样式表和网页绑定，在 page1.html 和 page2.html 的<head></head>部分均使用<link>标记和 CSS 链接。

```
<head>
    <link href="common.css" rel="stylesheet" type="text/css">
</head>
```

这样，两个 HTML 文件均应用了 common.css 中的样式，页面效果如图 2-5 所示。

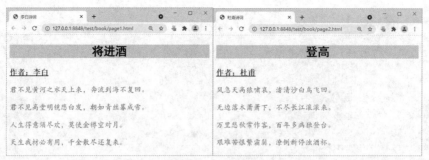

图 2-5　应用同一个样式表的两个网页

（3）内联样式表

内联样式表也称为行内 CSS 样式，就是在标记内部使用 style 属性定义样式声明，其格式如下。

```
<标记名 style="样式声明 1 ；样式声明 2 ；… ； " >
```

任何标记的 style 属性都可包含任意多个 CSS 样式声明，但这些声明只对该元素及其子元素有效，即这种样式代码无法共享和移植，并且会导致标记内部的代码烦琐，所以一般很少使用，只在一些特定场合使用。

如果某个页面中的某个元素有特殊样式，则可以直接把 CSS 代码添加到 HTML 的标记中，即作为 HTML 标记的属性标记存在。通过这种方法，可以很简单地对某个元素单独定义样式。

【例 2-3】应用内联样式表。

在 HTML 中写入以下代码。

```
<head>
    <meta charset="utf-8">
    <title>内联CSS样式应用</title>
</head>
<body style=" background-color:#eee">
    <h2>静夜思</h2>
    <h3>作者: 李白</h3>
    <p style="color:#FF0000; font-size:18px; font-family:隶书; ">
床前明月光，<br/>
疑是地上霜。<br/>
举头望明月，<br/>
低头思故乡。</p>
</body>
```

以上代码中的<body>和<p>都应用 style 属性添加了若干样式声明，这些样式只对当前元素有效。页面效果如图 2-6 所示。

图 2-6　内联样式表的应用

【项目实践】

分别将 3 种样式表应用到二十四节气歌网页，请尝试使用所有你会用的标记及样式。

二十四节气歌

春雨惊春清谷天，夏满芒夏暑相连。

秋处露秋寒霜降，冬雪雪冬小大寒。

每月两节不变更，最多相差一两天。

上半年来六廿一，下半年是八廿三。

任务 2-2　巧用选择器调兵遣将

【任务提出】

　　小王发现页面越复杂，网页代码中的 HTML 标记就越多，而且同一个标记也会被多次使用，那么在 CSS 中如何准确地找到其中某一个标记，并设置其样式呢？在样式规则中，选择器的功能就是选取需设置样式的元素。W3C 为 Web 开发人员提供了各种各样的选择器，从最基本的元素选择器、类选择器、ID 选择器，到交集选择器、并集选择器、后代选择器，以及其他更丰富的选择器，定位页面上的任意元素非常简单。

【学习目标】

微课 2-2

巧用选择器调兵
遣将（1）

📖 **知识点**
- 理解什么是选择器。
- 掌握 3 种基本选择器的用法。
- 掌握扩展选择器的用法。

📖 **技能点**
- 学会使用 3 种基本选择器。
- 灵活运用扩展选择器快速选中页面元素。

📖 **素养点**
- 增强法律意识，树立法治观念。

【相关知识】

　　选择器的种类很多，使用也很灵活，W3C 规定的 3 种基本选择器理论上能够满足所有需求，但是某些场合下比较麻烦，所以又扩展了一些适用于特定场合的选择器。在实际开发中灵活选用选择器可以大大提高编码效率。

一、CSS 选择器

遵循 Web 标准的网页都是将 CSS 和 HTML 分开写的，可是 HTML 中有那么多同名标记，如何才能在 CSS 中准确快速地选中指定的标记呢？这就需要给这些标记指定另外一个可识别的"名字"，称为 CSS 选择器，也叫选择符，其主要功能是指定 HTML 树形结构中的 DOM 元素节点。

我们根据使用的普及程度把 CSS 的选择器分为两大类：基本选择器和扩展选择器。

基本选择器包括标记名选择器、ID 选择器、类选择器；扩展选择器包括通用选择器、后代选择器、交集选择器、并集选择器、伪类选择器等。

二、基本选择器的用法

基本选择器是最常用的选择器，其是独立的一个选择器，主要包括标记名选择器、类选择器、ID 选择器 3 种。

1. 标记名选择器

标记名选择器，也称元素选择器，是 CSS 选择器中最常见且最基本的选择器。它用 HTML 的标记名称作为选择器名称，如 html、body、p、div 等，其实质就是按标记名分类为页面中某一类标记指定统一的 CSS 样式。其格式如下。

标记名 { 样式声明 1; 样式声明 2; … }

用标记名选择器定义的样式对该样式表作用范围内的所有该标记都有效。

例如，div { color:red; }规定应用了该样式表的网页中所有<div>标记内的文字颜色都是红色。

【例 2-4】使用标记名选择器定义样式。

在 HTML 中写入以下代码。

```
<!DOCTYPE html>
<html>
    <head>
        <meta charset="utf-8">
        <title>标记名选择器</title>
        <style type="text/css">
            body{ background-color:#CCCCCC; }
            p{ color:#FF0000;
            font-size:18px;
            font-family:隶书;
            border-bottom-style:dashed ;
            border-bottom-width:1px;
            }
        </style>
    </head>
    <body>
        <h2>静夜思</h2>
        <h3>作者: 李白</h3>
        <p>床前明月光，</p>
        <p>疑是地上霜。</p>
        <p>举头望明月，</p>
        <p>低头思故乡。</p>
    </body>
</html>
```

以上代码用内嵌样式表写了两条样式规则，分别对<body>和<p>标记的样式做了声明，表示该网页中的所有 body 和 p 标记都使用了规定的样式。页面效果如图 2-7 所示。

但是，网页中很多标记会被大量重复使用，如果仅仅使用标记名选择器，则很难准确定位到某个具体的页面元素，所以在实际应用中，还可以定义一些"别名"，通过属性值和这些"别名"相匹配，就可以更具体地定位到某个页面元素了，其中常见的有 class 和 id 两个属性。

2. 类选择器

声明类选择器必须以圆点"."开头，"."与样式类名之间不能有空格，格式如下。

```
.样式类名 { 样式声明 1; 样式声明 2; … }
```

示例如下。

```
.sec { color:red; }
```

该样式规则对所有以该类名作为 class 属性值的标记都有效——无论是相同还是不同的标记。也就是说，该样式规则对所有使用 class="sec"属性的标记都有效，如<p class="sec" >、<div class="sec" >、<h2 class="sec" >、<li class="sec" >等任意类型的标记都可以应用。

下面把例 2-4 改进一下。

【例 2-5】使用类选择器定义样式。

在 HTML 文档中改写代码如下。

图 2-7 使用标记名选择器

```html
<!DOCTYPE html>
<html>
    <head>
        <meta charset="utf-8">
        <title>类选择器</title>
        <style type="text/css">
            body{ background-color:#CCCCCC; }
            p{ color:#FF0000;
            font-size:18px;
            font-family:隶书;
            border-bottom-style:dashed ;
            border-bottom-width:1px;
            }
            .fir{ color: #0000FF;        }
        </style>
    </head>
    <body>
        <h2 class="fir">静夜思</h2>
        <h3>作者: 李白</h3>
        <p >床前明月光, </p>
        <p class="fir">疑是地上霜。</p>
        <p>举头望明月, </p>
        <p>低头思故乡。</p>
    </body>
</html>
```

页面效果如图 2-8 所示。

在样式表中对 body 和 p 标记名选择器和一个类选择器 fir 分别做了样式声明，在<body></body>之间，<h2>和其中一个<p>标记都通过 class 属性应用了 fir 类，则 fir 类声明的样式对这两个元素都有效。

图 2-8　使用类选择器

在实际项目中，一个元素为了能与多个样式表匹配，标记的 class 属性值还可以包含多个样式类名，样式类名之间以空格隔开，这种用法称为样式复用。例如，<div class="user login">能同时应用.user 和.login 两个选择器声明的样式。代码如下。

```
.user{ font-size:30px; }
.login{ color:#00f; }
<div class="user login">内容区域</div>
```

"内容区域"会以 30px 的蓝色字体显示。

如果这两个选择器为同一个样式属性定义了不同的值，代码如下。

```
.user{ font-size:30px; color:#f00; }
.login{ color:#00f; }
<div class="user login">内容区域</div>
```

两个样式类都定义了颜色的样式属性，该属性值会按照优先级进行覆盖，即先使用先定义的.user 中的值，再被覆盖为后定义的.login 中的值，也就是重复的属性后定义的优先（近者优先）。所以以上语句即使改变了类的应用顺序：<div class="login user">内容区域</div>，内容区域文字依然显示为蓝色。

需要注意的是，类选择器名称区分大小写，若定义样式时使用选择器.First，引用样式时使用 class="first"，则样式引用无效。

3. ID 选择器

ID 选择器类似于类选择器，也可以应用于任何元素，但是它与类选择器可以多次使用不同，在一个 HTML 文档中，ID 选择器只能使用一次。

声明 ID 选择器以"#"开头，"#"与 id 属性值之间不能有空格，格式如下。

```
#id 选择器名 { 样式声明 1; 样式声明 2; … }
```

例如，#first { 样式声明 }样式规则仅对具有 id="first" 属性的标记有效。

同样，在例 2-5 的基础上改进一下。

【例 2-6】使用 ID 选择器定义样式。

在例 2-6 的文档中继续添加样式代码。

```
<!DOCTYPE html>
<html>
    <head>
        <title>ID 选择器</title>
        <meta charset="utf-8">
        <style type="text/css">
            body{ background-color:#CCCCCC; }
            p{ color:#FF0000;
            font-size:18px;
            font-family:隶书;
            border-bottom-style:dashed ;
            border-bottom-width:1px;
```

```
                    }
                    .fir{  color: #0000FF; }
                    #last{  font-family: "华文行楷";color: #ffff00;  }
            </style>
        </head>
        <body>
            <h2>静夜思</h2>
            <h3>作者：李白</h3>
            <p class="fir">床前明月光，</p>
            <p class="fir">疑是地上霜。</p>
            <p>举头望明月，</p>
            <p id="last">低头思故乡。</p>
        </body>
    </html>
```

诗中最后一句应用了 id="last"的样式。页面效果如图 2-9 所示。

在该 HTML 文档中，id 属性值"last"只使用了一次。细心的读者也许会发现，如果我们重复应用该 id 属性值，在前端页面显示也是没有问题的，但是由于 id 属性值经常用于在脚本中精确查找，所以要保证它的唯一性。

ID 选择器名称也区分大小写，若定义样式时使用选择器#First，引用样式时使用 id="first"，则样式引用无效。

另外，ID 选择器比类选择器具有更高的优先级，即当 ID 选择器与类选择器在样式定义上发生冲突时，优先使用 ID 选择器定义的样式。

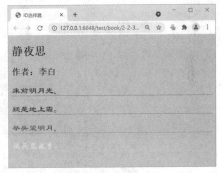

图 2-9　使用 ID 选择器

三、扩展选择器的用法

在实际项目中，页面元素多，层次复杂，当基本选择器不能够满足全部需求时，就需要用到更为便捷的扩展选择器。这里简要介绍几种扩展选择器，后续根据项目需求再加以补充。

微课 2-3

巧用选择器调兵遣将（2）

1. 后代选择器

用于选择元素内部的元素（包括儿子、孙子、重孙子等元素），故称为后代选择器。后代选择器使用空格表示，又称为包含选择器，其格式如下。

```
element1 element2 {
    样式声明 1;
    样式声明 2;
    …
}
```

例如，div p{样式声明}表示<div>元素内嵌套的所有<p>元素。

2. 子代选择器

使用"＞"表示子代选择器，也称子元素选择器。与后代选择器相比，子代选择器只能选择某元素的直接子元素。如果在指定页面元素时，不希望选择任意的后代元素，而是希望缩小范围，只选择某个元素的子元素，就可以使用子代选择器。其格式如下。

```
element1>element2 {
    样式声明 1;
    样式声明 2;
    …
}
```

例如，div>p{样式声明}表示当前<div>元素的子代（不包含孙子等隔代）元素<p>。

3. 交集选择器

交集选择器就是指定两个标记相交的部分，由两个选择器构成，通常第一个为标记名选择器，第二个为类选择器，两个选择器之间不能有空格，示例如下。

```
h3.class{color:red; font-size:25px;}
```

该段代码表示选中标记名为<h3>，同时又应用了 class 类的某个元素。

【例 2-7】使用交集选择器定义样式。

在 HTML 文档中写入以下代码。

```
<html>
    <head>
        <title>交集选择器</title>
        <meta charset="utf-8">
        <style type="text/css">
            body{ background-color:#CCCCCC; }
            p{color:#FF0000;
            font-size:18px;
            font-family:隶书;
            }
            .fir{ color: #0000FF;}
            p.fir{ font-size: 32px; }
        </style>
    </head>
    <body>
        <h2 class="fir">静夜思</h2>
        <h3>作者: 李白</h3>
        <p class="fir">床前明月光, </p>
        <p>疑是地上霜。</p>
        <p>举头望明月, </p>
        <p>低头思故乡。</p>
    </body>
</html>
```

在上面代码中，<h2>和<p>标记都使用了 class="fir"的属性，但是交集选择器 p.fir 指定的是标记名为<p>，同时又应用了 fir 类属性的元素。页面效果如图 2-10 所示。

图 2-10　使用交集选择器

4. 并集选择器

并集选择器也称群组选择器，可以同时对多个选择器定义样式。例如，element1、element2 选择器具有相同的样式，可以用逗号分隔每个选择器的名称，在后面的大括号中统一声明样式。格式如下。

```
element1,element2 {
    样式声明1;
    样式声明2;
    ...
}
```

例如，h1,p,#id1{样式声明}表示对 3 个选择器同时定义相同的样式。

5. 通用选择器

通用选择器的作用是选取所有标记，用*来表示。示例如下。

```
*{font-size:16pt;}
```

该段代码表示将页面中所有元素的文字大小均设为 16pt，通常写在样式表的开始位置，后面可以根据需要进行层叠设置。

CSS 是为美化和优化 HTML 代码而存在的，使用 CSS 可以使 HTML 代码更加简洁、高效。在 CSS 中使用选择器的目的是指定 CSS 要作用的对象元素，而且基本选择器和扩展选择器结合使用可以发挥更大的功效。

CSS 还提供了很多其他的选择器，如伪类选择器、伪对象选择器等，后面随着项目的深入，我们会继续学习。表 2-1 所示为 CSS 中的大多数选择器，读者可以查阅。

表 2-1　常用 CSS 选择器

选择器	例子	例子描述
.class	.intro	选择 class="intro"的所有元素
#id	#firstname	选择 id="firstname"的所有元素
*	*	选择所有元素
element	p	选择所有<p>元素
element,element	div,p	选择所有<div>元素和所有<p>元素
element element	div p	选择<div>元素内部的所有<p>元素
element>element	div>p	选择父元素为<div>元素的所有<p>元素
element+element	div+p	选择紧接在<div>元素之后的所有<p>元素
[attribute]	[target]	选择带有 target 属性的所有元素
[attribute=value]	[target=_blank]	选择 target="_blank"的所有元素
[attribute~=value]	[title~=flower]	选择 title 属性包含"flower"的所有元素
[attribute|=value]	[lang|=en]	选择 lang 属性值以"en"开头的所有元素
:link	a:link	选择所有未被访问的链接
:visited	a:visited	选择所有已被访问的链接
:active	a:active	选择活动链接
:hover	a:hover	选择鼠标指针位于其上的链接
:focus	input:focus	选择获得焦点的 input 元素
:first-letter	p:first-letter	选择每个<p>元素的首字母
:first-line	p:first-line	选择每个<p>元素的首行
:first-child	p:first-child	选择属于父元素的第一个子元素的每个<p>元素

（续表）

选择器	例子	例子描述
:before	p:before	在每个<p>元素的内容之前插入内容
:after	p:after	在每个<p>元素的内容之后插入内容
:lang(language)	p:lang(it)	选择带有以"it"开头的 lang 属性值的每个<p>元素
element1~element2	p~ul	选择前面有<p>元素的每个<ul>元素
[attribute^=value]	a[src^="https"]	选择其 src 属性值以"https"开头的每个<a>元素
[attribute$=value]	a[src$=".pdf"]	选择其 src 属性以".pdf"结尾的所有<a>元素
[attribute*=value]	a[src*="abc"]	选择其 src 属性中包含"abc"的每个<a>元素
:first-of-type	p:first-of-type	选择属于其父元素的首个<p>元素的每个<p>元素
:last-of-type	p:last-of-type	选择属于其父元素的最后<p>元素的每个<p> 元素
:only-of-type	p:only-of-type	选择属于其父元素唯一的<p>元素的每个<p>元素
:only-child	p:only-child	选择属于其父元素的唯一子元素的每个<p>元素
:nth-child(n)	p:nth-child(2)	选择属于其父元素的第二个子元素的每个<p>元素
:nth-last-child(n)	p:nth-last-child(2)	同上，从最后一个子元素开始计数
:nth-of-type(n)	p:nth-of-type(2)	选择属于其父元素第二个<p>元素的每个<p>元素
:nth-last-of-type(n)	p:nth-last-of-type(2)	同上，从最后一个子元素开始计数
:last-child	p:last-child	选择属于其父元素的最后一个子元素的每个<p>元素

【项目实践】

以下 HTML 代码中写了两个文本块，每个文本块内部又有多个段落，使用样式表为其添加样式，能够精准定位不同的段落并设置样式，请根据需要选用适合的选择器，自主设计页面效果，可参照图 2-11 所示的效果。

```
<body>
    <div>
        <h1>民法典：法治建设的里程碑</h1>
        <p>回顾人类文明史，编纂法典是具有重要标志意义的法治建设工程，是一个国家走向繁荣强盛、
文明进步的象征。</p>
        <p>2020 年 5 月 28 日，中华人民共和国第十三届全国人大第三次会议表决通过了《中华人民共
和国民法典》，自 2021 年 1 月 1 日起施行。《婚姻法》《继承法》《民法通则》《收养法》《担保法》《合同法》、
《物权法》《侵权责任法》《民法总则》同时废止。</p>
    </div>
    <div>
        <h1>第一编　总则</h1>
        <h2>第一章　基本规定</h2>
        <p>第一条　为了保护民事主体的合法权益，调整民事关系，维护社会和经济秩序，适应中国特色
社会主义发展要求，弘扬社会主义核心价值观，根据宪法，制定本法。</p>
        <p>第二条　民法调整平等主体的自然人、法人和非法人组织之间的人身关系和财产关系。</p>
        <p>第三条　民事主体的人身权利、财产权利以及其他合法权益受法律保护，任何组织或者个人不
得侵犯。</p>
    </div>
</body>
```

图 2-11　参考页面效果

参考代码如下，读者可以自己发挥。

```
<!DOCTYPE html>
<html>
    <head>
        <meta charset="utf-8">
        <title>CSS选择器</title>
        <style type="text/css">
            *{font-family: "微软雅黑";}
            #txt1{border: 2px  solid red;}
            #txt1 h1{font-size: 24px;color: red;  text-align: center;}
            #txt2{background: #eee;}
            #txt2 h1{font-family: '楷体';}
            .one,.two,.three{font-size: 14px;}
            .two{ font-size: 18px;}
            .three{ color: #0000FF ;}
        </style>
    </head>
    <body>
        <div id="txt1">
            <h1>民法典：法治建设的里程碑</h1>
            <p class="one">回顾人类文明史，编纂法典是具有重要标志意义的法治建设工程，是一
个国家走向繁荣强盛、文明进步的象征。</p>
            <p class="two">2020 年 5 月 28 日，中华人民共和国第十三届全国人大第三次会议表
决通过了《中华人民共和国民法典》，自 2021 年 1 月 1 日起施行。《婚姻法》《继承法》《民法通则》《收养法》
《担保法》《合同法》《物权法》《侵权责任法》《民法总则》同时废止。</p>
        </div>
        <div id="txt2">
            <h1>第一编　总则</h1>
            <h2>第一章　基本规定</h2>
            <p class="one">第一条　为了保护民事主体的合法权益，调整民事关系，维护社会和经
济秩序，适应中国特色社会主义发展要求，弘扬社会主义核心价值观，根据宪法，制定本法。</p>
            <p class="two">第二条　民法调整平等主体的自然人、法人和非法人组织之间的人身关
系和财产关系。</p>
            <p class="three">第三条　民事主体的人身权利、财产权利以及其他合法权益受法律
保护，任何组织或者个人不得侵犯。</p>
        </div>
    </body>
</html>
```

素养
提示　《中华人民共和国民法典》的颁布，在中国法治建设史上具有里程碑意义。这是新中国成立以来第一部以"法典"命名的法律，是新时代我国社会主义法治建设的重大成果。我们要学习民法典，做法治思想的传播者，树立法律意识，用法律来维护自己的合法权益，同时更应该尊重法律、敬畏规则。

任务 2-3　使用盒模型划分页面

微课 2-4

使用盒模型划分
页面（1）

【任务提出】

　　DIV+CSS 网页布局的基本流程就是先在页面上使用块级元素划分内容区域，然后用 CSS 定位，最后在相应的区域内添加具体内容。块级元素的大小和位置决定了该内容块在网页上的占位。经过前两个任务的学习，小王已经能够在样式表中为页面中的指定元素规定样式规则，本任务就是将这些块级元素按照美工事先设计好的版式排列在网页上。

【学习目标】

📖　**知识点**
- 理解行内元素和块级元素及其转换。
- 掌握盒模型及常用样式属性。
- 掌握行内元素及样式属性。

📖　**技能点**
- 学会灵活转换元素的显示方式。
- 能够使用盒模型进行页面布局。

📖　**素养点**
- 培养精益求精的工匠精神。

【相关知识】

　　进行页面布局时要在样式表中对页面中指定"盒子"的大小、位置、内外边距等做出精确的设置，而网页中的元素种类很多，有的适合做容器，有的不适合，需要分类处理。

一、HTML 元素的分类和转换

　　网页中的 HTML 元素按呈现效果可分为块级元素和行内元素两大类，但是这两类元素的分类不是绝对的，它们之间可以通过多种方式转换。

1. 块级元素

块级元素在页面中以区域块的形式呈现，默认情况下，块级元素的高度为其内容高度，宽度会扩展到与父元素同宽，所以块级元素要独占一行，无法在其后容纳其他块级元素与行内元素。也就是说，块级元素的开头和结尾都会自动换行，同级别的兄弟块自上而下垂直排列，如<h1>~<h6>标题元素、<p>段落元素和<div>盒子元素等。

所有块级元素的本质都是一样的，都可以理解为一个矩形盒子，可以对其设置宽、高、边框等样式。但是有些块级元素，如标题标记<h1>~<h6>、段落标记<p>、分隔线<hr>等，有具体的语义，在其内部不能放置任何其他块级元素的内容；而另外一些块级元素，如<div>，没有语义，表示一个区块，任何情况下只要网页需要一个块级元素容器，就可以使用这个元素。所以<div>是页面中使用最多的元素，我们经常使用<div>元素+CSS 样式来实现整个网页的布局，如图 2-12 所示，这些用来占位的盒子都可以使用<div>来实现，<div>内部可以嵌套段落、表格、表单等其他页面元素，也可以嵌套其他<div>。

图 2-12　DIV+CSS 网页布局

<div>是双标记，必须成对出现。

在 HTML5 中为了使代码易于阅读，还增加了多个带有语义的块级标记，例如，用<header>定义文档或者文档部分区域的页眉，用<nav>描述超链接区域，用<article>元素表示文档、页面、应用或网站中的独立结构，如论坛帖子、新闻文章、博客等，用<aside>元素表示侧边栏或嵌入内容，用<footer>定义页脚等，如图 2-13 所示。对于初学者来说，如果无法一次记住这么多标记，则可以暂时先使用<div>进行页面布局，后续熟练了再扩展使用 HTML5 的其他语义化标记。

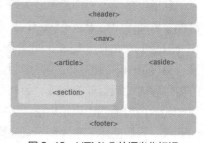

图 2-13　HTML5 的语义化标记

2．行内元素

行内元素也称内联元素，与它前后的其他行内元素显示在一行中，作为某个内容块的一部分。行内元素会尽可能地"收缩包裹"其内容，所以只能设置自身的字体大小或图像尺寸，元素的高度、宽度及顶部和底部的边距均不可设置。<a>超链接元素、<img>图像元素、<span>文本元素等都是常用的行内元素。

【例 2-8】在促销广告中应用行内元素<span>。

在 HTML 文档中写入以下代码。

```
<head>
    <meta charset="utf-8">
    <style type="text/css">
        p { font-family: '微软雅黑';font-size: 24px; }
```

```
              span{font-size: 36px;color: red;        }
        </style>
    </head>
    <body>
        <p>新款<span>6</span>折销售! </p>
    </body>
```

　　页面效果如图 2-14 所示，<span></span>为行内元素，<span>内的文字在段落中与前后文字显示在同一行中，经常用于突出强调文本中的某一部分。

3. 行内元素和块级元素的转换

　　行内元素和块级元素不是一成不变的，在实际项目中可以根据需要相互转换，二者的主要差别是 display 显示模式不同，块级元素的 display 值为 block，而行内元素的 display 值为 inline。可以指定 display 样式属性的取值来决定元素的显示方式，具体方法如下。

图 2-14　行内元素<span>

```
display:inline;/*将元素转换为行内元素*/
display:block;/*将元素转换为块级元素*/
```

　　display 还有一个取值为 inline-block，称为行内块元素，其兼具行内元素和块级元素的特点。其在内部类似于块级元素，拥有块级元素的宽、高、边框等样式属性值，也可以设定自己的 padding（内边距）、border（边框）与 margin（外边距）等样式属性值，而在外部的排列方式又类似行内元素，即在一行内水平排列，不是像块级元素一样从上到下排列，其用法如下。

```
display:inline-block; /*将元素转换为行内块元素*/
```

　　除此之外，行内元素脱离文档流后也会变为块级元素，例如浮动，相关内容在后面的项目中会详细讲解。

二、块级元素的盒模型

　　盒模型是 CSS 中最重要、最基础的部分，它指定块级元素如何显示及如何相互交互。每个元素都被看成一个矩形盒子，这个盒子由元素的内容（content）、内边距（padding）、边框（border）和外边距（margin）组成，如图 2-15 所示。内容可以是文字，也可以是图片，还可以是另一个元素。直接包围内容的部分是内边距，也称为内填充，如果给元素添加背景，那么背景会应用于元素的内容和内边距组成的区域。因此可以用内边距在内容周围创建一个隔离带，使内容不与背景混合在一起。内边距的边缘是边框。边框以外是外边距，外边距默认是透明的，因此不会遮挡其后的任何元素，一般使用它来控制元素之间的距离。

1. 盒子的宽度和高度

　　网页上的每个盒子都占有一定大小的区域，在 CSS 中可以使用宽度属性 width 和高度属性 height 对盒子的大小进行控制。

　　盒模型的 width 属性的默认取值为 auto，即盒的实际宽度充满浏览器窗口或者该元素所在父元素的内容区域。width 属性可以设置为固定值，例如，width:700px;表示盒子宽度为 700 像素，还可以设置为相对值，例如，width:80%;表示盒子宽度占父级内容区 width 值的 80%。

　　同样，盒子的 height 属性的默认取值也为 auto，此时盒子中内容的总高度并不确定，而是由其实际内容的多少来决定。height 属性的取值同样可以为固定值，也可以为相对值，但是 height

属性的百分比的大小是相对其父级元素 height 属性的大小，若某元素的父元素没有确定 height 属性，则无法有效使用 height=XX% 的样式。

CSS 内定义的 width 和 height 默认指的是内容区域的宽度和高度，而不是盒子实际占据的空间大小，实际占位的宽高还要加上 4 个方向上的内边距（padding）、边框（border）、外边距（margin）的距离。盒子的各样式属性如图 2-16 所示。

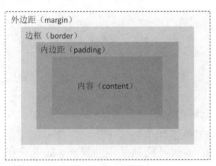

图 2-15 盒模型

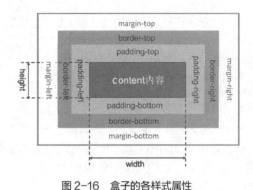

图 2-16 盒子的各样式属性

2. 盒子的边框

为了分割页面中不同的盒子，常常需要给元素设置边框效果。在 CSS 中边框属性 border 包括边框样式属性（border-style）、边框宽度属性（border-width）、边框颜色属性（border-color）。CSS3 还新增了边框圆角（border-radius）等边框样式。

（1）设置边框样式

border-style 用于定义页面中边框的风格，常用属性值如下。

- none：没有边框，即忽略所有边框的宽度（默认值）。
- solid：边框为单实线。
- dashed：边框为虚线。
- dotted：边框为点线。
- double：边框为双实线。

使用 border-style 属性综合设置 4 边样式时，必须按上、右、下、左的顺时针顺序，格式如下。

```
border-style: 上边框样式   右边框样式   下边框样式   左边框样式;
```

省略时采用值复制的原则，即 1 个值为 4 边，2 个值为上下/左右，3 个值为上/左右/下。

【例 2-9】设置盒子的边框样式。

CSS 代码如下。

```
<style type="text/css">
.box{
    width:100px;
    height: 100px;
    background: #ff0;
    border-style:solid dashed;
}
</style>
```

其中 border-style:solid dashed; 设置了两个属性值，表示上下边框为单实线，左右边框为虚线，边框粗细和颜色均采用默认值。页面效果如图 2-17 所示。

图 2-17　盒子边框样式

还可以分方向单独设置每条边的样式，格式如下。

```
border-top-style: 上边框样式;
border-right-style: 右边框样式;
border-bottom-style: 下边框样式;
border-left-style: 左边框样式;
```

（2）设置边框宽度

border-width 用于定义边框的粗细，一般以 px 为单位，格式如下。

```
border-width: 上边框宽度　右边框宽度　下边框宽度　左边框宽度;
```

同样，综合设置 4 边宽度也必须按上、右、下、左的顺时针顺序采用值复制，即 1 个值为 4 边，2 个值为上下/左右，3 个值为上/左右/下。

也可以分方向单独设置每条边的宽度，格式如下。

```
border-top-width: 上边框宽度;
border-right-width: 右边框宽度;
border-bottom-width: 下边框宽度;
border-left-width: 左边框宽度;
```

（3）设置边框颜色

border-color 用于设置边框颜色，格式如下。

```
border-top-color:上边框颜色;
border-right-color:右边框颜色;
border-bottom-color:下边框颜色;
border-left-color:左边框颜色;
border-color:上边框颜色[右边框颜色 下边框颜色 左边框颜色];
```

颜色取值可为预定义的颜色值、#十六进制值、rgb(r,g,b)或 rgb(r%,g%,b%)，在实际工作中最常用的是#十六进制值。例如，color:red、#ff0000、rgb (255,0,0)或 rgb (100%,0%,0%)等多种写法都表示红色。

综合设置 4 边颜色也必须按顺时针顺序采用值复制，即 1 个值为 4 边，2 个值为上下/左右，3 个值为上/左右/下。

border 样式属性还可以同时规定边框的粗细、颜色和边框类型，示例如下。

```
border:2px solid blue;  /*4 个方向上的边框均为 2 像素粗的蓝色单实线*/
```

这种属性在 CSS 中称为复合属性。常用的复合属性还有 font、border、margin、padding 和 background 等，它们都可以将几种属性结合在一起书写。在实际工作中使用复合属性可以简化代码，提高页面的运行速度，但是如果只有一项值，则最好不要应用复合属性，以免样式不兼容。

（4）边框圆角

CSS3 增加了圆角边框的样式属性：border-radius。它可以分别对盒子的 4 个角设置不同的圆角造型，甚至绘制圆、半圆、四分之一圆等各种圆角图形。格式如下。

```
border-radius:水平半径 1～4/垂直半径 1～4
```

"/"前可用 4 个数值表示圆角的水平半径，后面可用 4 个值表示圆角的垂直半径，如图 2-18 所示，仍然可以采用值复制的形式，也可以用 border-top-left-radius、border-top-right-radius、border-bottom-right-radius、border-bottom-left-radius 4 个属性分别设置左上角、右上角、右下角、左下角 4 个角的圆角值。取值单位可以是 px，表示圆角半径，值越小，角越尖锐，负数无效。还可以使用百分比，此时圆角半径将基于盒子的宽度或高度像素数进行百分比计算，若盒子的宽与高取值都为 50%，则会得到一个圆形，否则为椭圆形。

图 2-18 椭圆的水平半径和垂直半径

例如，对宽高皆为 200px 的盒子设置以下圆角半径值，效果如图 2-19 所示。

```
border-radius:20px;
border-radius:20px 40px;
border-radius:10%;
border-radius:50%;
border-radius:20px 0 20px 0;
border-radius:0 80%;
```

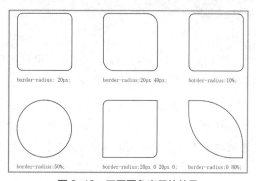

图 2-19 不同圆角半径的效果

3. 盒子的内边距

为了调整内容在盒子中的显示位置，常常需要给元素设置内边距，内边距指的是元素内容与边框之间的距离，也常常称为内填充。

在 CSS 中，padding 属性用于设置内边距，同边框 border 一样，padding 也是复合属性，格式如下。

```
padding-top:上边距;
padding-right:右边距;
padding-bottom:下边距;
padding-left:左边距;
padding:上边距[右边距 下边距 左边距];
```

在上面的设置中，padding 相关属性的取值可为：auto（默认值）、不同单位的绝对值、相对于父元素（或浏览器）宽度的百分比值。在实际工作中最常用的单位是像素（px），不允许使用负值。

与边框相关属性一样，使用复合属性 padding 定义内边距时，必须按顺时针顺序方向采用值复制方式：1 个值为 4 个方向，2 个值为上下/左右，3 个值为上/左右/下。

【例 2-10】设置元素内边距。

<body>部分代码如下。

```
<body>
    <div class="box">
        <h3>民俗话节气之立秋</h3>
        <p>据《月令七十二候集解》："秋，揫也，物于此而揫敛也"。古人把立秋当作夏秋之交的重要时
刻，一直很重视这个节气。据记载，宋时立秋这天宫内要把栽在盆里的梧桐移入殿内，等到"立秋"时辰一到，太史
官便高声奏道："秋来了。"奏毕，梧桐应声落下一两片叶子，以寓报秋之意。</p>
    </div>
</body>
```

CSS 代码如下。

```
<style type="text/css">
    *{padding: 0; margin: 0;} /*将页面元素的默认内外边距置零*/
    .box{
        border: 1px solid;
        padding:20px;        /*盒子 4 个方向的内边距相同*/
        padding-bottom:0; /*单独设置下边距*/
        /*上面两行代码等价于 padding:20px 20px 0;*/
        }
    .box p{
        border: 1px dashed red;
        padding:5%;}
</style>
```

由于不同浏览器对于页面元素的默认 padding 和 margin 的取值是不相同的，因此为了保证统一的
页面效果，通常在样式表的开头就使用*{padding: 0; margin: 0;}将页面元素的默认内外边距设置为零。

在样式表中使用 padding 样式属性分别为容器盒子和段落文字设置内边距，其中容器盒子内边
距使用固定值，段落内边距使用相对值——相对其父级元素的宽度。所以当拖动浏览器窗口改变其
宽度时，段落文字的内边距也会随之发生变化（这时<p>标记的父元素为<div>），而容器盒子的内
边距不会发生变化。

页面效果如图 2-20 所示。

图 2-20　padding 取相对值和绝对值的效果

4. 盒子的外边距

网页是由多个盒子排列而成的，要想合理地布局网页，使盒子与盒子之间不那么拥挤，就需要
为盒子设置外边距。外边距指的是元素边框与相邻元素之间的距离。

CSS 中的 margin 属性用于设置外边距，它也是一个复合属性，与内边距 padding 的用法类
似，设置外边距的格式如下。

```
margin-top:上边距;
margin-right:右边距;
margin-bottom:下边距;
margin-left:左边距;
```

```
margin:上边距[右边距 下边距 左边距];
```

margin 相关属性的值，以及复合属性 margin 取 1～4 个值的情况与 padding 相同，但是外边距可以使用负值，使相邻元素重叠。

以下代码中设置了元素的外边距。

```
div{
    border:5px solid red;
    margin-right:50px;          /*设置盒子的右外边距*/
    margin-bottom:30px;         /*设置盒子的下外边距*/
    /*上面两行代码等价于 margin:0 50px 30px 0;*/
}
```

在样式表中同时设置盒子的右外边距和下外边距，使盒子和父级元素之间拉开一定的距离，是一种常见的页面排版方法。

margin 属性值还可以是 auto。margin 左右方向设置为 auto 可以使块级元素在父级容器中保持水平居中，这是因为块级元素的宽度默认是充满父级元素的，如果给其设置一个固定的小于父级元素的宽度，而将 margin 左右方向设置为 auto，则可以自动平分剩余空间，无须进行人工计算。但是垂直方向设置为 auto 无法做到垂直居中，主要是因为块级元素的高度默认是内容高度，与父级元素的高度并没有直接的关系，而 margin 垂直方向设置为 auto，则被重置为 0。所以在开发中经常使用 margin:0 auto;来实现块级元素在父级容器中水平居中，垂直居中则需要精确调整盒子的内填充、外边距等属性或者使用定位的方法来实现。

【例 2-11】设置盒子水平居中。

页面中只有一个 div 元素。

```
<div id="box"></div>
```

为其设置样式代码如下。

```
<style type="text/css">
    #box{
        width: 60%;
        height: 100px;
        border: 2px solid;
        margin: 0 auto;
        }
</style>
```

该盒子在浏览器中水平居中，如图 2-21 所示。

图 2-21　水平居中的盒子

微课 2-6

使用盒模型划分
页面（3）

5. 盒子的背景

在 CSS 中可以使用纯色作为盒子背景，也可以使用背景图像创建复杂的背景效果，还可以调整背景图像的位置、大小等属性。

（1）设置背景颜色

设置背景颜色的格式如下。

```
background-color: 背景颜色;
```

背景颜色会填充元素的内容、内边距，一直扩展到元素边框，如果边框有透明部分（如虚线边框），则会透过这些透明部分显示出背景色。

颜色值可以使用多种模式表示，如 rgb()函数、#十六进制值、颜色名等。

示例如下。

```
body {background-color: yellow;}
h1 {background-color: #00ff00;}
h2 {background-color: transparent;}
p {background-color: rgb(250,0,255);}
```

以上样式规则用不同方式分别为 body、h1、h2、p 元素设置了颜色。

background-color 不能继承，其默认值是 transparent，也就是说，如果一个元素没有指定背景色，背景就是透明的。

（2）设置背景图片

如果需要设置一个背景图片，则必须为 background 属性设置一个 url 地址来指向图片文件的路径，格式如下。

```
background-image:url(背景图片地址);
```

示例如下。

```
<style type=text/css>
    .backg{background-image:url(flower.jpg);}
</style>
...
<body class="backg">
    ...
</body>
```

以上代码为页面设置的背景图片为当前同一目录下的 flower.jpg 文件。背景图片的默认位置在元素的左上角，并在水平和垂直方向上重复显示，直到铺满。

背景图片可以使用以下样式属性进行调整。

① background-repeat：设置背景图片是否重复及重复的方式。

• 取值 repeat / no-repeat，表示重复/不重复。

• 取值 repeat-x / repeat-y，表示水平/垂直重复。

② background-position：设置背景图片位置。

• 取固定值，可直接使用图片左上角在元素中的坐标。

• 取预定义关键字，可指定背景图片在元素中的对齐方式，其中水平方向可取值 left、center、right，垂直方向可取值 top、center、bottom，两个关键字的顺序任意，若只有一个值，则另一个默认为 center。

• 取百分比值，将百分比值同时应用于元素和图片，再按该指定点对齐。例如，0% 0%表示图片左上角与页面元素的左上角对齐；50% 50%表示图片的 50%与页面元素的 50%对齐，即中心部分对齐。

【例 2-12】设置背景图片居中显示。

一个宽高均为 400px 的容器的背景图片为 h5.jpg，图片大小为 200px×200px。背景图片在容器中水平垂直居中的样式代码如下。

```
.backg{
    width: 400px;
    height: 400px;
    border: 1px solid;
    background-image: url(img/h5.jpg);
    background-repeat: no-repeat;
    background-position: 100px 100px;
    /* background-position:50% 50%; */
    /* background-position: center; */
}
```

页面效果如图 2-22 所示，图片处于盒子中间。

以上 3 种写法分别取固定值、百分比值和预定义关键字，都能实现背景图片在容器中的水平垂直居中效果。

③ background-attachment：设置背景图片固定或者滚动。

· 取值 scroll：默认，背景图片随滚动条滚动。

· 取值 fixed：图片位置固定。

④ background-size：规定背景图片的尺寸。

以像素大小或百分比规定背景图片的尺寸。如果以百分比规定尺寸，那么尺寸为相对于父元素的宽度和高度。

⑤ background-origin：规定背景图片的定位区域。

背景图片可以放置于 content-box、padding-box 或 border-box 区域，各区域范围如图 2-23 所示。

图 2-22　水平居中的背景图片

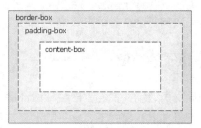

图 2-23　盒子背景图片的放置区域

6. 盒子的阴影效果

阴影效果使用得当会对页面效果起到画龙点睛的作用，例如，网页的按钮部分、弹出框部分、一个模块与另一个模块的分界部分，都可以使用阴影进行区分。在 CSS3 中使用 box-shadow 样式属性可以为盒子添加阴影效果，格式及说明如下。

box-shadow：水平偏移量 垂直偏移量[模糊半径] [扩展半径]颜色 阴影类型

① 水平偏移量：必选参数，取正数时，阴影在盒子右边；取负数时，阴影在盒子左边。

② 垂直偏移量：必选参数，取正数时，阴影在盒子底部；取负数时，阴影在盒子顶部。

③ 模糊半径：可选参数，只能是正数或 0，默认为 0，表示没有模糊效果，值越大，阴影的边缘就越模糊。

④ 扩展半径：可选参数，默认为 0；值为正时，阴影扩大，值为负时，阴影缩小。

⑤ 颜色：可选参数，如不设定颜色，则浏览器会取默认色，但各浏览器默认取色不一致，因此建议不要省略此参数；阴影颜色可以使用 rgba 颜色值形式，同时为阴影添加透明效果，例如，rgba(0,0,0,0.5)，最后一个参数的取值范围为 0~1，0 是完全透明，1 为不透明。

⑥ 阴影类型：如果取值 inset，则表示内阴影，省略为外阴影。

【例 2-13】为盒子制作阴影。

CSS 样式代码如下。

```
<style type="text/css">
    .backg{
        width: 200px;
        height: 200px;
        background:#f00;
        box-shadow:4px 4px 4px 4px rgba(50,50,50,0.5);
    }
</style>
```

阴影效果如图 2-24 所示，盒子周围出现半透明的灰色阴影。

还可以给一个元素设置多个阴影，多个阴影之间使用逗号分隔。

给同一个元素设置多个阴影属性时要注意顺序，最先写的阴影将显示在最顶层，如果先写的阴影半径大于后写的阴影，则后者将被前者完全遮挡而无法看到效果。

示例如下。

图 2-24 盒子的阴影

```
box-shadow:0 0 15px 0 #66f inset,0 0 30px 0 #aaf inset;
```
读者可以自行测试多阴影效果。

三、盒子的占位

在布局网页之前，我们就已经从设计稿上了解到了每个模块的大小和位置，每个模块使用盒子来占位，但是在默认模式下，盒子的宽高并不是盒子的实际占位大小，还需要前端开发人员重新计算并合理处理盒子的占位问题。CSS3 中的 box-sizing 属性允许以两种方式来指定盒模型：content-box 和 border-box。现代浏览器和 IE9+浏览器默认为 content-box。

1. 默认模式：content-box

在默认模式下，我们所说的盒子都是标准盒模型，又叫作 W3C 盒模型，盒子的宽高指的是盒子内容的宽度和高度，即 content 区域，如图 2-25 所示。

假设页面给某个模块留有 200px×200px 的空间大小，要求该模块与左右相邻盒子的间距为 30px，边框与本模块内容之间留有 10px 的间距，且自身带有 10px 的边框，那么需要将内容的宽度设置为 200-60-20-20=100px 才能刚好放进预留的空间，高度也同样如此，如图 2-26 所示。

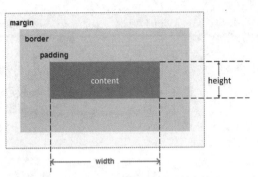

图 2-25　content-box 模式下盒子的占位

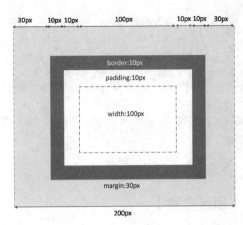

图 2-26　content-box 模式下盒子宽度的计算

CSS 样式代码如下。

```
#box{
    width: 100px;
    border: 10px solid blue;
    margin: 30px;
    padding: 10px;
}
```

2. IE 怪异模式：border-box

在 border-box 模式下，代码中的宽高即为边框的宽高，包含了 content、padding 及 border 占据的区域，所以在计算宽高时，盒子的宽高为在给定值的基础上加上 margin，如图 2-27 所示。

在实际开发中，有时设置属性 box-size:border-box;会提高开发效率，但是也要考虑大多数开发者的习惯。

假设页面给某个模块留有 200px×200px 的空间大小，该模块与左右相邻盒子均相距 30px，边框与该模块内容之间的间距为 10px，边框宽度为 10px，如果盒子采用 border-box 模式，那么将内容宽度 width 设置为 200-60=140px 刚好能放进预留的空间，如图 2-28 所示。

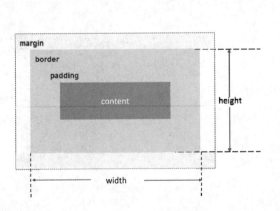

图 2-27　border-box 模式下盒子的占位

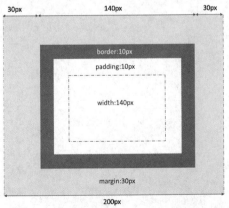

图 2-28　border-box 模式下盒子宽度的计算

```
#box{
    box-sizing: border-box;
```

```
        width: 140px;
        border: 10px solid blue;
        margin: 30px;
        padding: 10px;
        }
```

素养提示 DIV+CSS 布局的关键就是利用 CSS 摆放盒模型，所以要精确计算每个盒模型的占位，有时甚至会"失之毫厘，谬以千里"，所以我们一定要牢牢记住盒模型的结构并灵活运用。

【项目实践】

1. 使用 DIV+CSS 实现单栏式布局

常见的单栏式布局有以下两种，如图 2-29 所示。

布局 1   布局 2

图 2-29　单列布局

布局 1：header、content 和 footer 等多个模块与屏幕等宽的单栏式布局。

布局 2：header 与 footer 两个模块和屏幕等宽、content 略窄的单栏式布局。

观察以上两种单栏式布局，并使用 DIV+CSS 实现。

部分样式代码参照如下。

```css
<style type="text/css">
    .head,.content,.foot{
        margin: 0 auto;
    }
    .head{
        height:150px;
        background: #0000FF;
    }
    .content{
        height: 400px;
        background: #FFFF00;
        /*width: 80%;*/
    }
    .foot{
        height:100px;
        background: #AAAAAA;
    }
</style>
```

2. 利用 border 绘制三角形

利用 border 绘制三角形，如图 2-30 所示。

图 2-30　三角形图标的绘制

提示　（1）在 div 的 width 和 height 不为 0 的情况下，假设把 border-width 设置成很大的值，会是什么情况呢？结果如图 2-31 所示。

图 2-31

（2）设置相邻方向的边框为不同的颜色，又是什么情况呢？结果如图 2-32 所示。

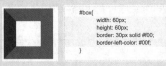

图 2-32

（3）将盒子的 width 和 height 同时缩小至 0，又会是什么情况呢？亲自试一下吧！

部分样式代码参考如下。

```css
<style type="text/css">
    #box{
        width: 0px;
        height: 0px;
        border: 30px solid rgba(0,0,0,0);
        border-left-color: #F00;
    }
</style>
```

任务 2-4　使用 BFC 隔离空间

【任务提出】

微课 2-7

使用 BFC 隔离空间

随着小王设计的页面模块越来越多，他发现为相邻盒子设置垂直外边距后，页面表现出的效果往往和自己预想的效果有一定偏差，看样子是相邻盒子之间相互影响导致的，如何避免这种影响呢？在本任务中将使用 BFC 将元素和外部真正隔离开，从而保证一个环境中的元素不会影响到其他环境中的布局。

【学习目标】

📖 **知识点**

- 理解垂直外边距合并的原理。
- 掌握 BFC 布局及其触发方法。
- 掌握使用 BFC 解决外边距合并问题的方法。

📖 **技能点**

- 能够熟练应用 BFC 解决外边距合并的问题。
- 能够使用 BFC 解决其他实际问题。

📖 **素养点**

- 提高自主探究能力。

【相关知识】

我们在页面排版中可能会遇到一系列问题，如垂直排列的盒子外边距合并等，只有解决了这些细节问题才能使网站页面的布局更加规范，扩展性更强。

一、垂直外边距的合并

在标准流中，垂直排列的盒子占据的总高度并不是每个盒子自身高度的简单相加，特别是相邻盒子都设置有上下外边距时，上下相邻的两个元素或内外包含的两个元素，其垂直方向的上下外边距会自动合并，即发生重叠。

1. 块级元素的垂直外边距合并

上下相邻的两个元素的垂直外边距合并后，其大小为其中最大的边距值。

假设上面元素的下边距为 20px，下面元素的上边距为 10px，在显示时，它们边框之间的距离不是 30px，而是合并后的边距 20px，如图 2-33 所示。

2. 嵌套盒子的垂直外边距合并

两个块级元素嵌套，如果外元素上部没有内填充及边框，则外元素的 margin-top 也会与内元素的 margin-top 发生合并，合并后的外边距高度为其中最大的外边距。

假设外元素的上外边距是 10px，内元素的上外边距是 20px，显示结果为内外元素顶端重合，具有相同的上外边距 20px，如图 2-34 所示。

外边距合并设计的意图是使具有外边距的多个元素在相邻时尽量占用较小的空间。

另外，只有普通文档流中块级元素的垂直外边距会发生外边距合并，行内框、浮动框或绝对定位之间的外边距不会合并。一旦发生合并，就会影响页面排版。我们设想，如果每个元素都是一个独立的空间，被包含在父元素里的子元素和外面的元素不相互影响是不是就可以解决这个问题呢？有没有什么方法能够让里面的子元素和外部的元素真正隔离开呢？BFC 布局就是将元素和外部隔离的一种布局方式。

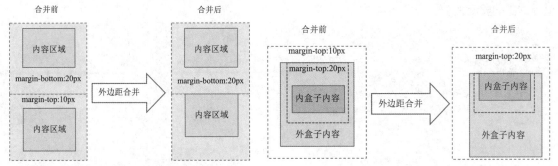

图 2-33　块级元素的垂直外边距合并　　　　　　图 2-34　嵌套盒子的垂直外边距合并

二、BFC 布局

BFC 是 Web 页面中 CSS 布局的一个概念，经常用于作为边距重叠解决方案。

1. BFC 布局简介

普通标准流也称为格式化上下文（Fomatting Context，FC），它是页面中的一块渲染区域，有一套渲染规则，决定了其子元素如何布局及与其他元素之间的关系和作用。最常见的格式化上下文有块级格式化上下文（Block Fomatting Context，BFC）和行内格式化上下文（Inline Formatting Context，IFC）。页面中元素的类型和 display 属性决定了元素以何种方式渲染，即使用哪一种格式化上下文的容器。例如，display 属性值为 block 的元素使用 BFC 块级渲染，display 属性为 inline 或者 inline-block 的元素使用 IFC 行内渲染。在页面布局中主要使用 BFC 布局。在 BFC 环境中，内部元素不受外部其他环境中的布局影响。

具体规则如下。

① 同一个 BFC 内的两个相邻块级元素的外边距合并，不同 BFC 的外边距不合并。

② BFC 的区域不会与外部浮动元素重叠。

③ 计算 BFC 高度时，浮动元素也会参与计算。

④ BFC 元素是一个独立的容器，外面的元素不会影响里面的元素，里面的元素也不会影响外面的元素。

2. 创建 BFC 空间

通过上面对 BFC 的认识，我们知道 BFC 就是让元素形成一个独立的空间，空间内的元素不会影响到其他环境中的元素，那么如何才能让元素形成这样一个空间呢？在实践中有多种方法，最常见的就是设置包含块属性 overflow:hidden/auto;。

overflow 属性通常用于规定当盒子内的元素超出盒子自身的大小时，溢出的内容如何处理。给一个元素设置 overflow:hidden，该元素的内容若超出了给定的宽度和高度，那么超出的部分将被隐藏，不占空间。该属性默认取值为 visible，指定属性值为 hidden/auto 则将该盒子触发为独立的 BFC 空间。

3. 使用 BFC 解决外边距合并问题

【例 2-14】相邻盒子的垂直外边距合并问题及解决方法。

在一个盒子中写入两个上下相邻的盒子，设定垂直外边距以后，观察页面效果中 3 个盒子的垂直外边距的显示大小。

```html
<!DOCTYPE html>
<html>
    <head>
        <meta charset="utf-8">
        <title>BFC</title>
        <style type="text/css">
            *{padding: 0; margin: 0;}
            .parent{
                width: 400px;
                background-color:#ff0;
                }
            .child1{
                width: 400px;
                height: 200px;
                background-color: red;
                margin-bottom: 40px;
                margin-top: 30px;
                }
            .child2{
                width: 400px;
                height: 200px;
                background-color: blue;
                margin-top: 20px;
                }
        </style>
    </head>
    <body>
        <div class="parent">
            <div class="child1"></div>
            <div class="child2"></div>
        </div>
    </body>
</html>
```

页面效果如图 2-35 所示。

在例 2-14 中，父级盒子.parent 中有两个垂直排列的子盒子，父级盒子.parent 和子盒子.child1 的上边距发生了合并，而子盒子.child1 的下边距和.child2 的上边距也发生了合并，合并后的 margin 并没有将两个相邻盒子的垂直外边距相加，而是取上下两个相邻值的最大值，这对我们的布局很不利。下面使用 BFC 布局解决垂直外边距合并的问题。

做一个独立的区块 div 包裹子元素 child1，设置父级元素 div 的 overflow 属性值为 hidden 或者 auto，父级元素会被子元素撑开，高度就是子元素的高度。

HTML 部分代码如下。

```html
<body>
    <div class="parent">
        <div class="box">
            <div class="child1"></div>
        </div>
```

```
        <div class="child2"></div>
    </div>
</body>
```

CSS 部分代码如下。

```
.box{ overflow: hidden;      }
```

有了独立的 BFC 空间以后，.child1 盒子和父级盒子及同级盒子的垂直外边距的合并就不会再发生了，页面效果如图 2-36 所示。

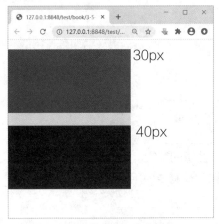

图 2-35　垂直外边距合并的盒子

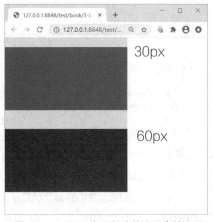

图 2-36　BFC 布局解决外边距合并问题

触发 BFC 的元素会变成一个独立的盒子，这个独立盒子里的布局不受外部影响，也不会影响到外面的元素。BFC 布局不仅可以解决垂直外边距合并的问题，还可以解决子元素浮动之后父元素塌陷的问题、浮动元素与其他元素重叠的问题。

【项目实践】

BFC 经常用于页面布局，请根据以下布局要求完成图 2-37 所示的单栏式布局。

要求：页面分为三大版块，它们之间的垂直距离设置得大一些，为 20px，主体部分内部有 3 个小版块，它们之间的垂直距离设置得小一点，为 10px。

思路：使用 BFC 布局，版块之间不会发生垂直外边距合并。

样式代码如下。

图 2-37　单栏式布局

```
<style type="text/css">
    .head,.foot,.cont{
        background: cyan;
        margin: 10px auto 20px;
        overflow: hidden;
    }
    .head,.foot { height:50px; }
    .cont>*{ background: #ffff00;height: 80px;margin: 10px;      }
</style>
```

【小结】

　　本项目重点学习了盒子模型及使用 DIV+CSS 进行简单布局。为了灵活定位页面中的元素，我们学习了使用多种选择器定位网页中的元素并在样式表中设置样式规则的方法。学习完本项目后，我们就能按需对任意块级元素的大小、位置、内外边距等做出精确的设置，并且能够解决在简单布局中遇到的问题，为后续的学习打下良好的基础。

【习题】

一、填空题

1. 正确引用外部样式表的方法是_____。
2. CSS 选择器的样式规则之间使用_____分隔。
3. CSS 的全称是_____。
4. 要声明一个 ID 选择器应使用_____作为 id 属性值的前缀。
5. 要在标记<span>中同时引用两个类选择器 c1 和 c2，需要使用的代码是_____。
6. 给所有的<p>标记添加背景颜色的样式规则是_____。

二、选择题

1. 下面不属于 CSS 类型的是（　　　）。
A. 索引样式　　　　B. 行内样式　　　　C. 内嵌样式表　　　　D. 外部样式
2. 下面说法错误的是（　　　）。
A. CSS 可以将格式和内容分离
B. CSS 可以控制页面的布局
C. 一个 CSS 文件只能在一个页面中起作用
D. 一个 CSS 文件可以在多个页面中引用
3. 以下 HTML 代码中，哪个是正确定义内嵌样式表的方法？（　　　）
A. <style>…</style>
B. <style type="text/css">…</style>
C. <stylesheet>mystyle.css</stylesheet>
D. <link rel="stylesheet" type="text/css" />
4. 链接到外部样式表应该使用的标记是（　　　）。
A. <link>　　　　　　B. <style>　　　　　　C. <object>　　　　D. <head>
5. 在 HTML 文档中，引用外部样式表的正确位置是（　　　）。
A. 文档的末尾　　　　B. <head>部分　　　　C. 文档的顶部　　　　D. <body>部分
6. 下列哪个选项的 CSS 语法是正确的？（　　　）
A. body:color=black;　　　B. {body:color=black; }
C. body {color: black;}　　D. {body;color:black;}
7. 使用 HTML 标记能够实现下列哪种功能？（　　　）
A. 美化页面　　　　　　B. 设计页面特效

C. 完成页面元素的添加　　D. 上述功能都无法实现

8. 使用 CSS 样式能够实现下列哪种功能？（　　）

A. 美化页面　　　　　　　B. 设计页面特效

C. 完成页面元素的添加　　D. 上述功能都无法实现

9. 根据 HTML 代码：h1{color:limegreen;font-family:"arial";}，可以知道（　　）。

A. 此段代码是一个类选择器

B. 选择器的名称是 color

C. { }部分是对 h1 这个选择器的样式声明

D. limegreen 和 font-family 都是值

10. 为了给页面中的所有<h1>标记创建样式规则，指定所有<h1>标记显示为蓝色，字体显示为 Arial。下列代码正确的是（　　）。

A. <style type="text/css">

.h1{color: "blue"; font-family: "Arial" }

　</style>

B. <style type="text/css">

　h1{fcolor: "blue" ; fontFace: "Arial" }

</style>

C. <style type="text/css">

h1{color: "blue " ; font-family: "Arial" }

</style>

D. <style type="text/css">

　#h1 {color: "blue"; font-family: "Arial"; }

</style>

11. 下列对盒模型描述不正确的是（　　）。

A. 一个盒子由边界、边框、填充和内容区域 4 个部分组成

B. 盒子的填充、边框、边界和内容区域都分为上、下、右、左 4 个方向

C. CSS 定义盒子的 width 和 height 时，实际上定义的是内容区域 content 的 width 和 height

D. 盒子的宽度是内容宽度加上 padding、border 和 margin

12. 下列能够设置盒模型的内边距为 10、20、30、40（顺时针方向）的 CSS 属性是（　　）。

A. padding:10px 20px 30px 40px

B. padding:10px 1px

C. padding:5px 20px 10px

D. padding:40px 30px 20px 10px

13. 下面不属于边框样式属性的是（　　）。

A. width　　　　B. color　　　C. style　　　　D. position

14. 以下属于行内元素的是（　　）（多选）。

A. img　　　　　B. div　　　　C. span　　　　D. hr

15. 想绘制一个直径为 200px 的圆形，对于 CSS 样式的写法哪一个是正确的？（　　　）

A．circle:100px;　　　　　　　B．border-radius:50%;

C．border-radius:200px;　　　D．border-radius:20%;

16. 运行以下代码后，两个盒子之间的垂直距离为（　　　）。

```
<head>
div{    width: 100px; height: 100px; background: lightblue; margin: 100px;}
</head>
<body>
    <div></div>
    <div></div>
</body>
```

A．100px　　　　B．200px　　　　C．400px　　　　D．0px

17. 阅读以下代码，书写完整运行后，两个盒子之间的距离为（　　　）。

HTML 部分：

```
<div class="container">
    <p></p>
</div>
<div class="container">
    <p></p>
</div>
```

CSS 部分：

```
.container { overflow: hidden;}
p {    width: 100px; height: 100px; background: lightblue; margin: 100px; }
```

A．100px　　　　B．200px　　　　C．400px　　　　D．0px

18. 阅读以下代码，父级 div 元素在页面中垂直方向占据的空间是（　　　）。

```
<div style="border: 1px solid #000;">
    <div style="width: 100px;height: 100px;background: #eee;float: left;"></div>
</div>
```

A．100px　　　　B．102px　　　　C．2px　　　　D．0px

19. 阅读以下代码，父级 div 元素在页面中垂直方向占据的空间是（　　　）。

```
<div style="border: 1px solid #000;overflow: hidden">
    <div style="width: 100px;height: 100px;background: #eee;float: left;"></div>
</div>
```

A．100px　　　　B．102px　　　　C．2px　　　　D．0px

20. 关于 BFC，以下说法不正确的是（　　　）。

A．BFC 是页面中的一块独立渲染区域，具有 BFC 特性的元素可以看作隔离了的独立容器

B．BFC 在定位方式中属于普通流

C．BFC 相当于在原有的元素上加了一个包裹

D. 计算 BFC 的高度时，浮动元素不参与计算

三、思考题

1. 请叙述行内元素和块级元素的特点及区别。

2. 请叙述默认 W3C 盒模型和 IE 怪异盒模型的区别。

3. 请完成图 2-38 所示的页面效果，具体要求如下。

（1）图片位于容器盒子的中间位置，作为盒子背景。

（2）容器盒子有阴影。

图 2-38　页面效果

【情境导入】

小王使用 DIV+CSS 布局，很快就把几个盒子在页面中排好了，可是李老师看过以后，又和小王一起浏览百度新闻、人邮学院官网、小米官网等网站，李老师根据这些网页随手画了两个更为复杂的布局范例，如图 3-1 所示。小王这才发现实际网页的布局比他做的布局复杂多了，大多数网页是两栏的甚至多栏的，那么怎样才能做出这样的页面布局呢？

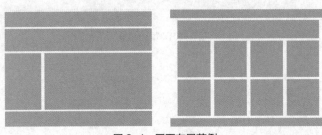

图 3-1　网页布局范例

任务 3-1　浮动布局两栏式页面

微课 3-1

浮动布局两栏式
页面

【任务提出】

小王发现网页中两个模块水平排列的布局非常常见，特别是在页面主体部分，但是仅仅简单地罗列盒子无法得到这样的效果。本任务将学习盒子的浮动布局，为盒子应用 float 属性设置浮动，浮动后的盒子将脱离标准流，可以实现水平排列的效果。

【学习目标】

📖　知识点

- 理解浮动布局。
- 掌握浮动属性 float 的用法。
- 掌握清除浮动属性 clear 的用法。

📖 **技能点**
- 能够熟练应用浮动属性完成图文混排效果。
- 能够熟练应用浮动属性完成多个模块水平排列的效果。
- 能够清除页面排版中浮动对其他元素的影响。

📖 **素养点**
- 提高自主探究能力。
- 培养精益求精的工匠精神。

【相关知识】

相同的 HTML 文档结构加上不同的 CSS 样式会呈现出不同的效果。对多个水平排列的模块进行布局时我们很容易就会想到浮动。

一、认识浮动

在学习本任务之前，我们设计页面都是按照默认的排版方式，即页面中的元素盒子从上到下垂直排列。一些内容比较简单的网页，特别是适用于移动端浏览的网页，为方便内容的及时更新和浏览，经常使用这种简单的单栏式布局，如图 3-2 所示。

但是大多数网页由于内容比较复杂，特别是网站首页，为了在有限的空间内展示更多的信息，往往都会按照左、中、右或者左、右的结构进行排版。两栏式布局是传统桌面网站最常见的一种布局方式，其将有限的空间划分为若干横纵结合的模块，有助于页面内容的组织和展示。例如，图 3-3 所示的百度新闻页面就是很典型的两栏式布局。

两栏式布局大都可以按图 3-4 所示的格式进行页面划分。

通过这样的布局，页面变得整齐、有节奏。如何实现这种效果呢？

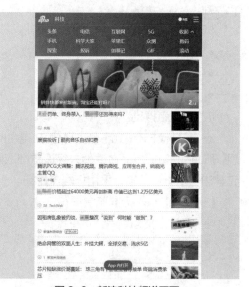

图 3-2　新浪科技频道页面

图 3-3　百度新闻页面

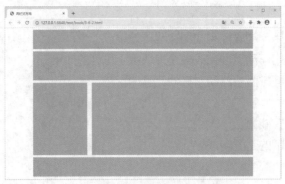

图 3-4　两栏式布局

要想实现块级元素水平排列的效果，需要为元素设置浮动。设置了浮动属性的元素会脱离标准文档流的控制，向左或向右移动，直到它的外边缘碰到包含框或另一个浮动框的边框为止。

二、元素的浮动属性 float

在 CSS 中，通过 float 属性来定义浮动，其基本语法格式如下。

```
选择器{float:属性值;}
```

常用的 float 属性值有 3 个，分别表示不同的含义，具体如下。

- none：元素不浮动（默认值）。
- left：元素向左浮动。
- right：元素向右浮动。

1. 不设置浮动

在默认标准流模式下，HTML 文档中的元素就像"流水"一样，按照排列次序依次在页面中出现，所有元素的 float 属性值未经设置都取默认值 none。例如，在以下 HTML 文档中有 3 个<div>元素和一个<p>元素，采用标准流排列。

【例 3-1】制作标准流盒子。

在 HTML 文档中写入以下代码。

```html
<!DOCTYPE html>
<html>
    <head>
        <meta charset="utf-8">
        <title>float</title>
        <style type="text/css">
            .box01,.box02,.box03{     height:50px; }
            .box01{     background: #f88;       }
            .box02{     background: #8f8;       }
            .box03{     background: #88f;       }
            p{  background: #CCCCCC; border: 1px dashed;      }
        </style>
    </head>
    <body>
        <div class="box01">box01</div>
        <div class="box02">box02</div>
```

```
        <div class="box03">box03</div>
        <p>智能家居行业市场规模扩张十分迅速，智能音箱、智能门锁等智能家居单品的销售一路走高，
厨电产品、净水机、吸尘器、擦窗机器人等多功能复合产品同样备受欢迎。</p>
        </body>
</html>
```

页面效果如图 3-5 所示。

图 3-5　不设置浮动

由图 3-5 所示内容可见，如果不对元素设置浮动，则元素及其内部的子元素将按照标准文档流的样式显示，每一个块级元素都要占满页面整行。

2. 设置浮动

对 box01 应用左浮动样式，添加如下 CSS 代码。

```
.box01 {        float:left;         }
```

保存 HTML 文件，效果如图 3-6 所示。

可以看出，设置左浮动的 box01 漂浮到了 box02 的左侧，也就是说，box01 不再受文档流控制，出现在了一个新的层次上，box02 则向上移动，占据了原来 box01 的位置。脱离了文档流的 box01 的宽度与浏览器的宽度也不再有关系，而是由其自身的内容决定。

继续为 box02 设置左浮动，具体的 CSS 代码如下。

```
.box01,.box02{     float:left;   }
```

保存 HTML 文件，效果如图 3-7 所示。

图 3-6　box01 浮动

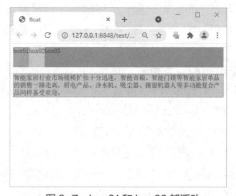

图 3-7　box01 和 box02 都浮动

在图 3-7 中，box02 也脱离了标准文档流的控制并向左漂浮，直到它的左边缘与父元素的边框

或另一个浮动框的边界对齐为止。此时，标准文档流中只剩下 box03 和 p 元素。

在上述案例的基础上，继续为 box03 设置左浮动，具体的 CSS 代码如下。

```
.box01,.box02,.box03{  float:left;  }
```

保存 HTML 文件，效果如图 3-8 所示。

此时，box01、box02、box03 排列在同一行，<p>元素占据了 box03 的位置，但是由于 3 个浮动盒子对<p>元素中段落文本的位置产生了影响，所以段落文本将环绕盒子，出现了图文混排的网页效果。

现在由于 box01、box02、box03 都没有设置 width 属性值，所以浮动盒子的宽度由内容宽度决定。我们修改 3 个盒子的 width 属性值为相对值 30%，可以改变 3 个盒子的占位，得到图 3-9 所示的效果。这种方法经常用于页面上水平模块的布局占位。

图 3-8　box01、box02、box03 都浮动　　　图 3-9　box01、box02、box03 具有固定宽度

float 属性的另一个值 right 在网页布局时也会经常用到，它与 left 属性值的用法相同，但作用方向相反。

三、清除浮动

由于浮动元素不再占用原文档流的位置，所以它会对页面中其他元素的排版产生影响。例如，图 3-9 所示的段落文字总是要占据浮动盒子旁边的空白区域。在实际应用中，为了避免某个盒子浮动对标准流中的后面的盒子产生影响，通常要清除浮动。

在 CSS 中，clear 属性用于清除浮动，即规定元素的某个方向上不允许浮动元素，其基本语法格式如下。

```
选择器{clear:属性值;}
```

clear 属性的常用值有 3 个，分别表示不同的含义，具体如下。

- left：清除左侧浮动的影响。
- right：清除右侧浮动的影响。
- both：同时清除左右两侧浮动的影响。

如果声明为 left 或 right，则元素上外边距的边界刚好处于该侧边上浮动元素下外边距边界之下，声明 both 则是在左右两侧均不允许浮动元素。

接下来对上面案例中的<p>标记应用 clear 属性，来清除前面浮动元素对段落文本的影响。在<p>标记的 CSS 样式中添加如下代码。

```
p{ clear:left;  }                                    /*清除左浮动*/
```

添加该样式后，<p>元素的上外边框边界刚好处于之前向左浮动的几个盒子的下外边距边界之下，保存 HTML 文件，刷新页面，效果如图 3-10 所示。

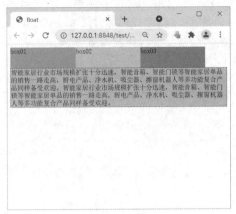

图 3-10　清除浮动

四、盒子的高度塌陷及解决方法

clear 属性能清除元素左右两侧浮动的影响，在网页排版时，还经常会遇到一些特殊的浮动影响。例如，父元素中的所有子元素均浮动时，如果父元素没有定义高度，而子元素浮动脱离标准流，父元素就检测不到子元素的高度，默认高度 auto 取值为 0，父级元素就显示成了一条直线，下面的例 3-2 就演示了这种情况。

【例 3-2】盒子高度塌陷。

向 HTML 文档中写入以下代码。

```html
<!DOCTYPE html>
<html>
    <head>
        <meta charset="utf-8">
        <title>float</title>
        <style type="text/css">
            .box{ border: 1px solid; background: #ccc;}
            .box01,.box02,.box03{height:50px;padding: 10px;margin: 10px;      }
            .box01{background: #f88;}
            .box02{background: #8f8;}
            .box03{background: #88f;}
            .box01,.box02,.box03{float: left;}
        </style>
    </head>
    <body>
        <div class="box">
            <div class="box01">box01</div>
            <div class="box02">box02</div>
            <div class="box03">box03</div>
        </div>
```

```
        </body>
</html>
```

运行后页面效果如图 3-11 所示，父级盒子显示成了一条直线。

父级盒子的高度塌陷将会对文档流中后面盒子的位置产生影响，导致文档流中后面的盒子定位不准确。例如，在例 3-2 中，如果 box 后面还有另外的盒子 box04，补充添加如下代码。

```
.box04{height: 30px; background-color: #FF0000;}
```

在<body></body>之间补充如下代码。

```
<body>
        <div class="box">
                <div class="box01">box01</div>
                <div class="box02">box02</div>
                <div class="box03">box03</div>
        </div>
        <div class="box04">box04</div>
</body>
```

运行结果如图 3-12 所示，可以发现 box04 并没有按我们的设计出现在 3 个水平盒子的下边界以下，而是被浮动盒子覆盖了。

图 3-11　高度塌陷

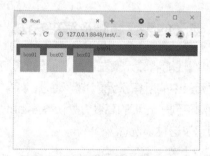

图 3-12　高度塌陷导致后续盒子上移

所以我们在页面布局时要随时关注并解决高度塌陷的问题，初学者通常会为浮动元素后面的每个元素加上 clear 属性，这种方法是不可取的。这里总结几种常用的清除浮动的方法。

1. 使用空标记清除浮动

在浮动元素之后添加空标记，并对该标记应用"clear:both"样式，可以清除元素浮动产生的影响，这个空标记可以为<div>、<p>、<hr />等任何标记。

以例 3-2 为基础，在浮动元素 box01、box02、box03 之后添加空标记，然后应用 clear 属性。

【例 3-3】使用空标记清除浮动。

改动例 3-2 的 HTML 代码如下。

```
<!DOCTYPE html>
<html>
    <head>
        <meta charset="utf-8">
        <title>float</title>
        <style type="text/css">
            .box{
                border: 1px solid;
                background: #ccc;
                }
```

```
            .box01,.box02,.box03{
                    height:50px;
                    padding: 10px;
                    margin: 10px;
            }
            .box01{background: #f88;}
            .box02{background: #8f8;}
            .box03{background: #88f;}
            .box01,.box02,.box03{float: left;}
            .clear{clear: both;}
        </style>
    </head>
    <body>
        <div class="box">
            <div class="box01">box01</div>
            <div class="box02">box02</div>
            <div class="box03">box03</div>
            <div class="clear"></div>
        </div>
    </body>
</html>
```

效果如图 3-13 所示，子元素浮动对父元素的影响已经不存在。但是由于上述方法在无形中增加了毫无意义的结构元素（空标记），因此在实际工作中不建议使用，我们还可以利用伪对象来达到同样的效果。

图 3-13　使用空标记清除浮动

2. 使用 after 伪对象清除浮动

伪对象也称伪元素，"伪"是指虚拟的元素，伪对象并不存在于 DOM 文档中，但它和对象表示的意思又十分相似。伪对象选择器是专门用来选择这些特殊"元素"的选择器，它们无法通过标记名选择器、ID 选择器或者类选择器来进行精确控制。

在 CSS 中伪对象选择器有 5 个，以单个冒号（:）或双冒号（::）作前缀，如表 3-1 所示。

表 3-1　伪对象选择器

选择器	举例	例子描述
::after	p::after	在每个<p>元素之后插入内容
::before	p::before	在每个<p>元素之前插入内容
::first-letter	p::first-letter	选择每个<p>元素的首字母
::first-line	p::first-line	选择每个<p>元素的首行
::selection	p::selection	选择用户选择的元素部分

其中 after 伪对象的用法如下。

```
指定选择器::after{ 样式规则 }   /*用法 1*/
指定选择器:after{ 样式规则 }    /*用法 2*/
```

其功能是在被选元素的内容后面插入内容，与 content 属性一起使用，定义对象后面的内容。示例如下。

```
p:after{
    content:"伪对象内容";
    color:red;
}
```

after 伪对象被用于清除浮动只适用于 IE8 及以上版本的 IE 浏览器和其他非 IE 浏览器。

仍然以例 3-2 为基础，对父元素应用 after 伪对象样式。

【例 3-4】使用 after 伪对象清除浮动。

添加如下 CSS 样式。

```
.box:after{            /*对父元素应用 after 伪对象样式*/
    display: block;    /*只有块级元素才能清除浮动*/
     content: "";       /*没有内容，但是必须设置*/
     clear: both;
}
```

效果如图 3-14 所示，子元素浮动对父元素的影响已经不存在。

对父元素应用 after 伪对象样式时，需要使用 display: block;将其转换成块级元素，因为只有块级元素才能清除浮动，并且要和 content 属性结合使用，即使没有内容也必须设置 content 的值。

当然，除了使用 clear 属性清除浮动之外，在实际开发中还经常使用新建 BFC 的方式，父元素在新建一个 BFC 时，计算其高度时会把浮动子元素的高度也算进来。

3. 使用 BFC 解决高度塌陷问题

在例 3-2 的基础上，对父元素应用 overflow:hidden;样式触发 BFC，来清除子元素浮动对父元素的影响。

【例 3-5】使用 overflow 属性触发 BFC 清除浮动。

添加 CSS 样式如下。

```
.box{
    border: 1px solid;
    background: #ccc;
    overflow: hidden;
}
```

效果如图 3-15 所示，子元素浮动对父元素的影响已经不存在。

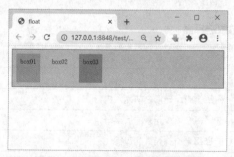

图 3-14 使用 after 伪对象清除浮动

图 3-15 使用 BFC 清除浮动

【项目实践】

1. 三栏式水平布局排版

网页的主体部分通常会按照左、中、右的结构进行排版。有的网页的主体部分水平充满显示窗口，如图 3-16 所示。

　　还有一部分网页的主体内容与屏幕边界留白，用于弹出广告或者通知等，如图 3-17 所示。如果 3 个盒子在页面中水平居中，应该如何修改呢？

图 3-16　充满屏幕的三栏式网页布局（主体部分）

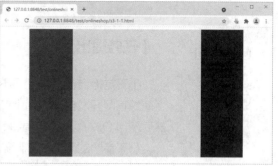

图 3-17　两侧留白的三栏式网页布局（主体部分）

> **提示**　将 3 个水平模块放在同一个父级盒子中，由父级盒子控制它们在页面中的宽度和位置。为了方便调整主体部分宽度，可以为 3 个子级盒子的宽度设置相对值。样式代码如下。
>
> ```
> <div class="cont">
>     <div class="left"></div>
>     <div class="mid"></div>
>     <div class="right"></div>
> </div>
> ```

样式代码参照如下。

```
<style type="text/css">
    .cont{ width: 80%;margin: 0 auto; overflow: hidden;}
    .cont>*{height:400px;        float: left;        }
    .left{width: 20%;background: #f00;}
    .mid{width: 60%;background: #ff0;}
    .right{width: 20%;background: #00f; }
</style>
```

2. 清除浮动盒子的塌陷

完成图 3-18 所示的页面布局，练习使用 3 种方式解决内容部分父级盒子的高度塌陷问题。

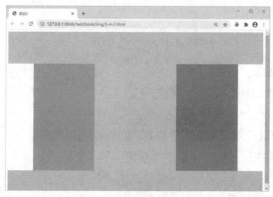

图 3-18　三栏式页面布局

可参照例 3-3～例 3-5 完成。

任务 3-2   DIV+CSS 布局网上商城首页

微课 3-2

DIVCSS 布局网上
商城首页

【任务提出】

　　小王觉得自己又学到了不少新知识，于是想实际操练一下，他想模仿小米网上商城官网开发自己的网上商城网站。首先需要将网站首页划分为若干"版块"，然后使用 DIV+CSS 布局，采用不同的页面布局方式，将盒子摆放到合适的位置。

　　小王参照的网上商城网站首页效果图和布局图如图 3-19 所示。

图 3-19　网上商城网站首页效果图和布局图

【学习目标】

知识点

- 理解版心的概念。
- 掌握通栏多列式网页布局的设计方法。

技能点

- 能够熟练应用 HTML5+CSS3 按需进行网站首页布局。
- 能够解决网页布局过程中遇到的高度塌陷等常见问题。

素养点

- 提高审美情趣和创新能力。

【相关知识】

网页的布局灵活多变，在有限的空间内既要做到形式美观以吸引更多流量，又要布局合理以展示更多的信息。一般来说，网页由头部区域、菜单导航区域、内容区域、底部区域几大功能区组成，它们不同形式的组合构成了不同的网页布局形式。

一、布局的准备工作

在网页布局之前，先要了解"版心"的概念。"版心"最早用在图书出版行业，版面上除去周围白边，剩下的以文字和图片为主要组成部分的就是版心。在网页开发中，版心是指网页中主体内容所在的区域，一般在浏览器窗口中水平居中显示，常见的宽度值为 960px、980px、1 000px、1 200px 等，左右两边留白，用于放置广告或者快捷菜单等。图 3-20 所示的网页标出了版心区域。

图 3-20　版心

布局的第一步是根据美工设计的网页效果图确定页面的版心，了解版心在屏幕中占据的宽度；第二步是分析页面中的行模块，也就是每一个 BFC 区域，还要确定好每个行模块中的列模块；第三步是在 HTML 文档中写出各个页面元素；第四步是通过 DIV+CSS 布局方法调整页面中每个元素的外观效果。

二、通栏多列式布局效果及实现

越来越多的网站页面采用通栏多列式布局，例如，人邮学院网站首页，如图 3-21 所示。该布局模式可以根据需要灵活增加行模块，非常适合长页面的制作。

通栏多列式布局的页面可参照图 3-22 所示的样式划分模块。该类结构在长页面扩展时非常方便。

图 3-21　人邮学院网站首页部分截图

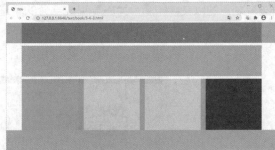

图 3-22　通栏多列式布局

【例 3-6】制作通栏多列式布局。

（1）将页面元素按照父子关系写入 HTML 代码。

```html
<body>
    <div class="top">
        <div class="top-inner main"></div>
    </div>
    <div class="banner main"></div>
    <div class="ad main">
        <div class="one"></div>
        <div class="two"></div>
        <div class="three"></div>
        <div class="four"></div>
    </div>
    <!-- 其他版块 -->
    <div class="footer"></div>
</body>
```

（2）在样式表中为主要模块设置样式。由于大多数模块主体处于版心位置，四周留白，因此为了避免重复编码，使用.main 类定义版心，通过和其他类复合使用，达到灵活控制版心宽度和位置的作用。

```css
<style>
        .main{ width:90%;margin: 0 auto; }/* 版心 */
        .top{ background-color: cyan;height: 80px; }
        .top-inner{ background-color: grey;height: 80px; }
        .banner { background-color: cyan;height: 120px; margin: 10px auto;
overflow: hidden; }
        .ad{ height: 200px;background-color: darkseagreen; }
```

```
            .footer{ background-color: cyan;height: 80px;margin: 10px auto; overflow:
hidden; }
    </style>
```

上面代码中的<div class="banner main"></div>对 div 元素进行了类的复合应用，同时应用了.banner 和.main 两个样式规则，因为相同样式中后定义的要覆盖先定义的，所以 margin 取值为 10px auto。此时页面效果如图 3-23 所示。

（3）为通栏多列式布局部分的多个块级元素设置样式。在通栏多列式布局中实现水平排列多个块级元素的方式多样，可以使用浮动布局，代码如下。

```
    .ad div {
        float: left;
        width: 24.2%;
        height: 200px;
        margin-right: 1%;
        background-color: blue;
        }
    .ad .four {
        float: right;
        margin-right:0;
        }
```

由于父级盒子使用相对宽度值，所以平分 4 个水平栏目的宽度仍然要使用相对值，另外还要将水平方向的 margin 和 border 等考虑在内，不能超出父级盒子的总宽度，所以在计算时很难做到精确平分。页面效果如图 3-24 所示。

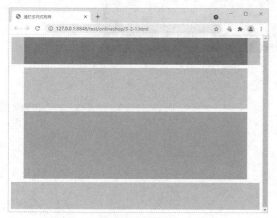

图 3-23　添加版心以后的页面效果

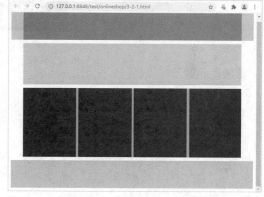

图 3-24　水平排列的多个模块

有时为了更加精确，也为了满足在不同宽度设备上显示的要求，我们会使用弹性盒布局和网格布局模式，特别是一些移动优先的 Web 开发框架，如 Bootstrap，其大量应用了这两种布局模式，在下面的任务中会详细介绍。

> **素养提示**　网页设计不但是一项技术性工作，还是一项艺术性工作，要求设计者具有较高的艺术修养和审美情趣。页面布局是决定网站美观与否的一个重要方面，通过合理的、有创意的布局，可以给用户美的享受，而布局的好坏在很大程度上取决于开发者的艺术修养水平和创新能力。

【项目实践】

使用前面所学的知识完成网上商城首页页面布局，如图 3-25 所示。

由于本任务的页面元素比较多，样式表也比较长，为了便于操作，建议使用外部样式表和 HTML 文档进行链接。具体步骤如下。

（1）新建 index.html 文件，将页面元素按照文档流的先后关系和页面元素之间的父子关系写入<body>和</body>之间。

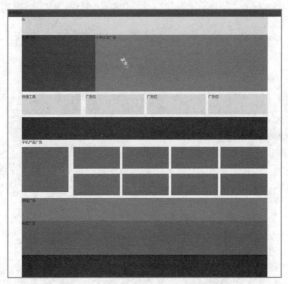

图 3-25　网上商城首页多列式布局

参考代码如下。

```html
<body>
    <div class="nav_top">顶部导航</div>
    <div class="header">头</div>
    <div class="banner">
        <div class="banner_l">左侧导航</div>
        <div class="banner_r">主体区域广告</div>
    </div>
    <div class="content1">
        <div class="cont_1">快捷工具</div>
        <div class="cont_2">广告位</div>
        <div class="cont_3">广告位</div>
        <div class="cont_4">广告位</div>
    </div>
    <div class="adv1">横幅广告</div>
    <div class="content2">
        <p>手机产品广告</p>
        <div class="pic"></div>
        <div></div>
        <div></div>
```

```
                <div></div>
                <div></div>
                <div></div>
                <div></div>
                <div></div>
                <div></div>
        </div>
        <div class="adv2">横幅广告</div>
        <div class="adv3">视频广告</div>
        <div class="footer">版权</div>
    </body>
```

（2）预览网页，得到的页面中只有文字，我们还需要在 CSS 文件中同步设置各个元素的大小、颜色及位置。

新建 index.css 文件，在 HTML 文档的<head>和</head>标记之间添加<link>。

```
<link rel="stylesheet" type="text/css" href="index.css"/>
```

这样，CSS 文件中关于样式的设置就会同步发生在 HTML 页面中了。

index.css 文件中的样式设置可参照例 3-6，各个容器的大小和颜色可根据需要自主设置。

尤其需要注意的是，页面主体并没有填满整个显示窗口，大多数模块两边留白，所以在实践时建议定义版心类.main{width:90%;margin: 0 auto; }与其他类复合使用，这样可以灵活控制版心的宽度和位置，并方便更改，同时也大大减少了代码量。

任务 3-3　网格布局网上商城首页

微课 3-4

网格布局网上商城首页

【任务提出】

小王通过标准流、浮动及其他 CSS 属性完成了网上商城首页的页面布局，但是他发现现有的知识在构建复杂的 Web 页面时还有很多不足，如盒子的水平居中、浮动元素的控制、列宽的分配等。本任务将学习另外一种强大的布局模式——网格布局。它引入了二维网格布局系统，其最大的优势是可以将页面分为多个网格，任意组合成不同的形式，进而做出各种各样的布局，对多列区域的布局特别有效。

【学习目标】

📖 **知识点**
- 理解网格布局。
- 掌握网格容器的设置及其属性。
- 掌握子元素的属性。

📖 **技能点**
- 学会使用网格布局方法灵活进行页面布局。

📖 **素养点**
- 提高自主探究能力。

【相关知识】

网格布局在网站中很常见，使用网格布局能让页面内容的展示更有秩序、更合理，用户也能获得舒适的阅读体验。为保证页面整齐有序，网格布局中有一套系统的规范来规定页面边距、模块与模块间的距离、模块内图片之间的边距、文案的边距与行距等，而这些内容单纯使用 CSS 属性去设置要烦琐很多，并且不易于在不同大小的终端显示。所以，开发人员在拿到典型网格布局设计稿时，要优先考虑使用网格布局。

一、认识 CSS Grid 网格布局

通过前面的实践，我们发现单纯使用标准流和浮动也能完成复杂页面的布局，但是控制起来不方便，所以 W3C 又先后推出了一维布局系统 flexbox（弹性盒布局）和二维布局系统 CSS Grid（网格布局），现已经得到了大多数浏览器的原生支持。

网格布局是一个二维的基于网格的布局系统，是由纵横相交的两组网格线形成的框架性结构。网页设计者可以利用这些由行（row）和列（column）组成的框架结构来布局设计元素。

例如，图 3-26 所示的在现代网站中经常出现的商品展示部分使用的就是标准的网格布局。

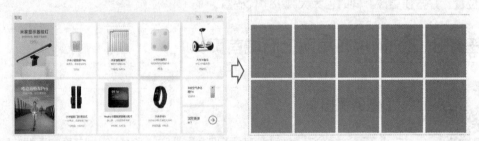

图 3-26　使用网格布局的网页

我们可以假想一个容器，里面有若干子元素，子元素按照网格的形式排列，网格线就是构成网格的线条。那么，一个 2 行 5 列的布局就会有 3 条行网格线，6 条列网格线，网格线编号遵循从左到右、从上到下的规则，由 1 号开始，n 行有 n+1 根行网格线，m 列有 m+1 根列网格线。相邻两条平行的网格线之间所形成的区域用来摆放子元素，子元素之间可以有间距，如图 3-27 所示。

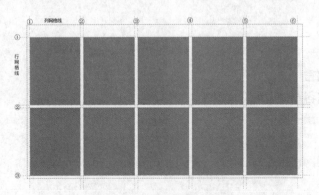

图 3-27　网格布局的各个元素

在布局过程中，需要处理的页面元素有两种：网格容器和子元素。前者主要用来设置基础的布局框架，相当于建筑中的设计蓝图；后者用来进行个性化的布局调整。

二、网格布局中对父元素的操作

用来设置网格布局的属性有很多，其中作用于父元素的属性就有 17 种，主要用于网格容器的声明和网格整体结构的布局设置。

1. 设置网格容器

设置网格容器的第一步是创建网格容器。在元素上声明 display:grid 可以触发渲染引擎的网格布局算法，创建一个网格容器，这个元素的所有直系子元素都会自动成为网格元素。

【例 3-7】实现网格布局。

在 body 中写入如下代码。

```
<div class="container">
    <div class="item">1</div>
    <div class="item">2</div>
    <div class="item">3</div>
    <div class="item">4</div>
    <div class="item">5</div>
    <div class="item">6</div>
    <div class="item">7</div>
    <div class="item">8</div>
    <div class="item">9</div>
</div>
```

设置 CSS 样式如下。

```
.container{display: grid;}
.item{
    height: 100px;
    background-color: rgba(0,0,255,0.4);
    border: 1px solid #000000;
    box-sizing: border-box;
    line-height: 100px;
    font-size: 30px;
    text-align: center;
    color: white;
}
```

运行结果如图 3-28 所示。把 container 创建成网格容器，创建网格容器后，所有直接子元素都是网格元素了，但是在浏览器中，元素看起来和之前并没有什么差异，这是因为系统默认给这些元素创建了一个单列网格。

2. 划分网格线

网格线是构成网格结构的分界线，它们既可以是垂直的（列网格线），也可以是水平的（行网格线），这些线条构成了布局的基础模板，任意两条线之间的空间就是一个网格轨道。在画线过程中，需要根据行和列两个维度分别进行设置，由行网格线和列网格线分隔出来的区域用来摆放子元素。下面创建一个 3x3 的网格框架，代码如下。

```
.container {
    display: grid;
```

```
        grid-template-columns: 300px 300px 300px;
        grid-template-rows:120px 120px 120px;
}
```

运行完整代码后的页面效果如图 3-29 所示。

图 3-28　单列网格

图 3-29　划分网格线后的页面效果

上述代码中用到了两个样式属性：grid-template-columns 和 grid-template-rows。关于网格容器的常见样式属性解释如下。

（1）grid-template-columns

grid-template-columns 属性用于定义列轨道的大小，即列的宽度。取值的方式可以是百分比或者具体值，给几个值就会设置几列，若设置的值之和超出父容器的宽度，就会出现滚动条。

除了可以使用绝对值和百分比值之外，该属性还支持各种单位的组合形式。示例如下。

```
grid-template-columns: 100px 20% 1em;
```

如果是等分，则可以使用 repeat 函数简化相同的值。示例如下。

```
grid-template-columns: repeat(3,20%);
```

该段代码表示 3 个列的列宽都是 20%。

网格布局中还引入了一种新单位 fr，它源自单词 fraction，fr 用于等分剩余空间，它会自动计算除了网格间距之外其余的部分。推荐使用 fr，示例如下。

```
grid-template-columns:100px 1fr 2fr repeat(2,20%) ;
```

5 列布局,其中的 1fr 表示宽度为总宽度减去左边的 100px 和右侧两列的 20%之后剩余部分的 1/3,第 3 列的宽度是第 2 列的两倍。

修改以上 CSS 代码如下。

```
.container {
    display: grid;
    grid-template-columns:repeat(3,1fr);
    grid-template-rows:120px 120px 120px;
}
```

网格分布如图 3-30 所示,刚好将容器宽度平分为 3 份。

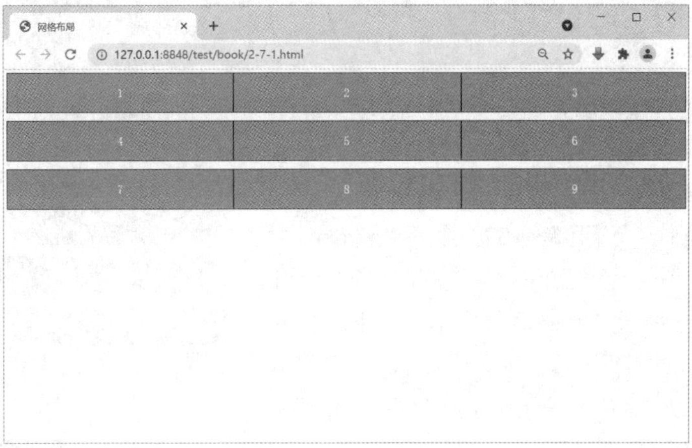

图 3-30　平分容器宽度

（2）grid-template-rows

grid-template-rows 属性用于设置行轨道的大小,即行高,给几个值就设置几行。其属性值的格式和 grid-template-columns 的属性值完全一样。

（3）grid-template

有时我们会将 grid-template-rows 和 grid-template-columns 缩写为 grid-template,属性值的写法为行数/列数的形式。示例如下。

```
grid-template: 1fr 50px/1fr 4fr;
```

该行代码表示两行两列的布局,第一行的高度为该容器的总高度减去第二行的 50px 之后剩下的高度,总宽度分成 5 等份,第一列的宽度占 1 份,第二列的宽度占 4 份。

（4）grid-auto-rows 和 minmax 函数

还可以使用 grid-auto-rows 属性配合 minmax 函数对行的高度进行更好的设置。假设有一个最小行高的要求,例如,如果内容少,则行高为 40px;如果内容多,则行高要跟随相应的内容变化,那么 minmax 可以写为 minmax(40px, auto)。auto 表示行高会根据内容自动调整,且最小为 40px。前提是没有对子元素单独设置固定的高度。

3．添加网格间距

网格间距的设置在实际开发中是可选的,主要根据网页设计的需求而定。两个网格单元之间的网格横向间距或网格纵向间距可分别使用 grid-column-gap 和 grid-row-gap 属性来创建,或者直接使用两个属性合并的缩写形式 grid-gap 来创建。

下面这段代码将给每行和每列均设置 10px 的间距。

```
.container {
    display: grid;
    grid-template-columns:repeat(3,1fr);
    grid-row-gap: 10px;
    grid-column-gap: 10px;
}
```

如果采用缩写形式，则上述代码可以简化成如下形式。

```
.container {
    display: grid;
    grid-template-columns:repeat(3,1fr);
    grid-gap: 10px 10px;
}
```

添加网格间距的样式以后，网格布局框架就搭建得差不多了，如图 3-31 所示。每个子元素都会默认占据一个网格区域。

4. 设置子元素对齐

对齐是布局过程中一个不可缺少的步骤，网格布局包含多个网格子元素，每个子元素相对网格区域的对齐分为行和列两个维度，两者分别通过网格容器的 align-items 和 justify-items 两个属性进行设置。为了更好地演示对齐效果，将例 3-7 加以改进，去掉子元素的固定大小设置及网格间距，并增加网格行高，CSS 样式如下。

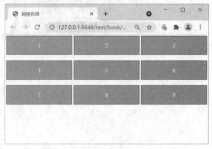

图 3-31　添加网格间距后的效果

```
.container {
        display: grid;
        grid-template-columns:repeat(3,1fr);
        grid-template-rows:180px 180px 180px;
        align-items:start|end|center|stretch;//可取其中任一值
        justify-items: start|end|center|stretch; //可取其中任一值
    }
.item{
        background-color: rgba(0,0,255,0.4);
        border: 1px solid #000000;
        font-size: 30px;
        line-height: 100px;
        text-align: center;
        color: white;
    }
```

以上样式代码中属性 justify-items 和 align-items 分别控制横轴和纵轴两个方向，属性值控制其对齐位置。stretch 是默认值，表示伸展的意思，所以在默认情况下，网格中的子元素会尽可能地填充满网格区域。start、center 和 end 3 个属性值分别对应了前、中、后 3 个位置。图 3-32 所示为 justify-items 属性沿着横轴对齐时取不同值的效果，图 3-33 所示为 align-items 属性沿着纵轴对齐时取不同值的效果。

由图 3-32 和图 3-33 可以看出，在行和列方向上都设置了对齐以后，每个网格区域中的子元素相对于各自的区域行为是一致的，都能均匀排布。

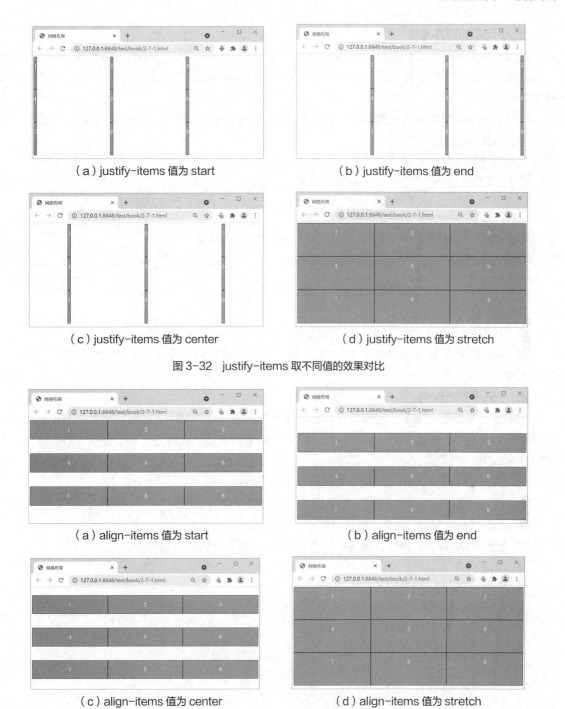

（a）justify-items 值为 start

（b）justify-items 值为 end

（c）justify-items 值为 center

（d）justify-items 值为 stretch

图 3-32　justify-items 取不同值的效果对比

（a）align-items 值为 start

（b）align-items 值为 end

（c）align-items 值为 center

（d）align-items 值为 stretch

图 3-33　align-items 取不同值的效果对比

三、网格布局中对子元素的操作

我们在网格容器上搭建好了基础的框架后，对于大部分子元素来说已经满足布局要求了，部分子元素也可以根据需求进行微调。

1. 子元素的对齐操作

对父元素设置了 align-items 和 justify-items 属性，就相当于为网格的所有子项目都统一设置了对齐属性，如需单独调整，还可以为单独的某个网格元素设置个性化的 align-self 和 justify-self 属性。

和父容器中设置的对齐方式类似，针对个别子元素的对齐处理，仍然按照行列两组属性分别进行处理，具体用法如下。

```css
/* 列轴对齐 */
.item:nth-child(1) {
  align-self: end;
}
/* 行轴对齐 */
.item:nth-child(2) {
  justify-self: end;
}
```

:nth-child(n)为伪类选择器，匹配父元素中的第 *n* 个子元素，本任务先模仿使用，在后面的任务中会详细介绍。

以上代码中的.item:nth-child(2)指定每个.item 元素匹配的父元素中的第 2 个子元素。

样式应用以后页面效果如图 3-34 所示，第 1 个子元素和第 2 个子元素分别在列轴和行轴上对齐到末尾。

2. 子元素跨行跨列

有的子元素需要占据多个网格单元，要确定具体占位，可以利用之前在父元素中指定的网格线编号来定位，直接设置起始行、结束行和起始列、结束列来给子元素划定它所要摆放的区域。这里主要用到以下 4 个属性。

① grid-column-start：规定从哪列开始显示项目。

② grid-column-end：规定在哪条列线上停止显示项目。

③ grid-row-start：规定从哪行开始显示项目。

④ grid-row-end：规定在哪条行线上停止显示项目，或者横跨多少行。

具体用法如下。

在 CSS 中添加如下代码。

```css
.item:first-child{
    grid-row-start: 1;/*从第 1 条行线开始显示*/
    grid-row-end: 3;/*到第 3 条行线结束*/
    grid-column-start: 1;/*从第 1 条列线开始显示*/
    grid-column-end: 4;/*到第 4 条列线结束*/
    background: red;
}
```

页面效果如图 3-35 所示。第一个子元素的位置从第 1 条行线开始，直到第 3 条行线结束，横跨两行，从第 1 条列线开始，到第 4 条列线结束，横跨 3 列。由于第一个子元素占据的网格单元过多，因此后面的子元素依次后移。

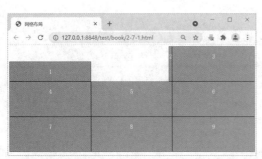

图 3-34　对子元素应用 align-self 和 justify-self 以后的页面效果

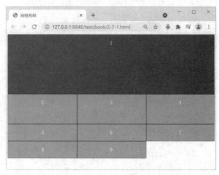

图 3-35　子元素跨行跨列

也可以使用缩写形式，示例如下。

```
.item:nth-child(2) {
    grid-row: 2/3;
    grid-column: 2/4;
    background: yellow;
}
```

素养提示　网格布局是 CSS3 中的布局新技术。结合 CSS 的媒体查询属性，还可以利用网格布局实现适用于不同终端设备的响应式网站设计。随着新一代信息技术的发展，以及各类移动终端的产生，Web 前端技术也随之更新换代，我们要始终保持对未知事物的探索精神，以已经习得的技术为基础，自主探究新知识、新技能。

【项目实践】

微课 3-5

网格布局

使用网格布局完成图 3-36 所示的页面布局。

图 3-36 所示是一个典型的多栏式布局，开发人员可以根据设计效果图划分为上下两个网格容器，如图 3-37 所示。

图 3-36　网上商城首页局部

图 3-37　模块划分

CSS 代码参照如下。

```css
<style type="text/css">
    body{  font-family: "微软雅黑";font-size: 16px;  }
    .main{  width: 90%;margin: 0 auto;    }
    .content1{
        display: grid;
        grid-template-columns:300px repeat(3,1fr);
        grid-auto-rows: minmax(120px,auto);
        grid-gap:10px 10px;
    }
    .content1 .con{  background: #ff0;  }
    .con:nth-child(5){  background: #00f;grid-column:1/5;  }
    .content2{
        display:grid;
        grid-template-columns:repeat(5,1fr);
        grid-auto-rows: minmax(300px,auto);
        grid-gap:20px;
    }
    .pic{  background: #0f0;  }
    .pic:first-child{  grid-row:1/3;  }
</style>
```

【小结】

本项目学习了如何实现复杂的网页布局。浮动是一种常见的方法，在两栏式布局中经常使用，但是浮动易导致高度塌陷的问题，为解决高度塌陷、margin 叠加等问题，我们经常会用到 BFC 来隔离上下文。对于复杂的布局，我们更倾向于使用网格布局，它将网页划分成一个个网格，任意组合不同的网格可以实现各种各样的布局。网格布局的应用使以前只能通过复杂的 CSS 框架实现的效果变得简单了，这是开发网站的一个利器。该方法可以举一反三，适用于互联网上的任何网页，只有准备好正确的"蓝图"，后续才可以根据需要向各个容器中填充具体的内容。

【习题】

一、填空题

1. 浮动布局的目的是让盒子脱离普通流，使多个块级盒子水平显示，其主要是依靠_____样式属性来实现的。

2. 在 CSS 中定义类 .main{width:90%;margin: 0 auto; }，表示_____。

3. fr 是为网格布局定义的一个新单位，它可以帮你摆脱计算百分比值，精确地将可用空间等分。例如，在网格容器中设置 grid-template-rows: 1fr 3fr，表示_____。

4. 我们希望通过网格布局来实现 2×3 布局，需要为 parent 元素添加样式_____，那么这个元素就是一个_____，它的所有直接子元素就成了_____。

5. 划分网格的线称为"网格线"。行网格线划分出行，列网格线划分出列。正常情况下，n 行有 $n+1$ 条行网格线，m 列有 $m+1$ 条列网格线，如 3 行就有 4 条行网格线。那么在 2×3 网格布局中，有_____条行网格线，_____条列网格线。

二、选择题

1. 关于浮动，下面说法错误的是（　　　）。

A. 浮动设置盒子的横向排列

B. 浮动的盒子默认不占据页面空间

C. 使用 float 设置浮动，取值可以是 left 或者 right

D. 浮动的盒子仍然可以设置居中效果

2. 浮动布局通常用于以下哪些场景？（　　　）（多选）

A. 段落文本环绕盒子的图文混排效果

B. 多个模块水平排列

C. 广告弹窗漂浮

D. 高度可伸缩的通知栏

3. 以下哪项不是浮动引起的问题？（　　　）

A. 父元素的高度无法被撑开

B. 与浮动元素同级的文本跟随其后显示

C. 与浮动元素同级的非浮动元素被覆盖

D. 父元素设置为固定高度，但是不能完全显示子元素内容

4. 关于伪对象选择器，以下说法错误的是（　　　）。

A. 伪对象选择器是 CSS 中已经定义好的选择器，不能由用户定义

B. 伪对象选择器不能选择一个完整的对象

C. 伪类选择器和伪对象选择器是相同的

D. div::after 是指在每个<div>元素之后插入内容

5. 阅读以下代码，以下选项正确的是（　　　）（多选）。

```
<div style="height: 100px;width: 100px;float: left;background: lightblue">左</div>
<div style="width: 200px; height: 200px;background: #eee">右</div>
```

A. 左右两个盒子不覆盖

B. 左盒子覆盖右盒子

C. 右盒子覆盖左盒子

D. 如果右盒子添加样式 overflow:auto;，则不会被左盒子覆盖

6. 关于 BFC，以下说法不正确的是（　　　）。

A. BFC 是页面中的一块独立渲染区域，具有 BFC 特性的元素可以看作隔离了的独立容器

B. BFC 在定位方式中属于普通流

C. BFC 相当于在原有的元素上加了一个包裹

D. 计算 BFC 的高度时，浮动元素不参与计算

7. 在版心的使用过程中经常采用如下形式。

```
<div class="header main">具体内容</div>
```

该语句使用了（　　　）。

A. 类选择器的复合应用　　B. 群组选择器　　C. 兄弟选择器　　D. 附加选择器

8. （　　　）更适合作为页面布局中的容器。

A.　\<p\>　　　　B.　\<form\>　　　C.　\<div\>　　　　　　D.　\<span\>

9. 不会脱离标准文档流的定位方式是（　　）。

A.　绝对定位　　　B.　相对定位　　　C.　浮动定位　　　　　D.　静态定位

10. 关于网格布局，以下说法错误的是（　　）。

A.　网格布局可用于页面主要区域的布局或小型组件的布局

B.　网格布局主要是利用由行和列组成的框架性结构来布局设计元素

C.　flexbox（弹性盒布局）和 CSS Grid（网格布局）是一样的

D.　可以将多个项目放入网格的单元格区域中，它们可以彼此部分重叠

11. 以下关于网页布局的说法正确的是（　　）。

A.　Web 中的布局，如水平垂直居中、两栏、多栏、通栏多列式等，在 CSS 中一直有多种解决方案，但是随着弹性布局和网格布局的使用，以前的方法都不能用了

B.　网页布局设计就是先根据使用 Photoshop 设计的页面效果图，切图划分出大致的结构，然后利用 DIV+CSS 制作

C.　如果在容器上设置了 display 的值为 grid，那么该容器的所有子元素的宽度和高度都相等，因为容器的 items 的默认值为 stretch

D.　在 Web 布局中没有办法对列做均分布局，只能大概估计

12. 如果希望网格布局中的组件可以占据多个单元，则不可以使用的属性是（　　）。

A.　grid-template　　B.　grid-column　　　C.　grid-row-start　　D.　grid-row-end

三、思考题

1. 请简述标准文档流和浮动的关系。

2. 请解释浮动和它的工作原理。

3. CSS 属性中的 content 有什么作用？有什么应用？

4. 谈谈你对网页布局的理解。

5. 打开百度新闻页面，对该页面进行模块划分，并尝试使用 HTML+CSS 实现。

6. 使用网格布局实现图 3-38 所示的页面布局。

图 3-38　页面布局效果

项目4
向网页中插入图像和文本

【情境导入】

　　小王已经完成了网上商城首页的整体布局，但是页面布局中用于占位的盒子都是空的，下面就该向每个空盒子添加内容了。李老师说网页排版是比较细致的工作，无论放置哪种具体元素，都必须和预先设计好的效果图保持一致，特别是细微之处的排版，更要耐心、细心，这样交付给客户的作品才是合格的。小王暗自下决心，一定要做一个合格的 Web 前端开发工程师。图像和文本是网页中应用最广泛的元素，那我们就从插入图像和文本开始吧！

任务 4-1　网站首页中图像的应用

【任务提出】

　　网上商城首页中使用了大量图片用于商品展示，这些图片都是美工预先处理好的，小王要将它们放进相应的盒子中，并且调整至合适的大小和位置，这个过程需要图像元素和 CSS 样式完美配合。

【学习目标】

微课 4-1

网站首页中图像
的应用

　📖　**知识点**

- 掌握<img>标记及其属性的用法。
- 掌握常见图像样式的使用。

　📖　**技能点**

- 能够向网页中添加图像。
- 能够按需调整图像的样式。

　📖　**素养点**

- 坚持实事求是的精神。

【相关知识】

在 Web 前端开发团队中，图片往往由专门的美工人员事先处理好，开发人员可以直接使用，或者做很少的设置后使用。

一、插入图像

图像是网页中必不可少的元素。显示一个页面时，浏览器会先下载 HTML 文件，页面主体结构开始显示之后才下载图像，在网速比较慢的时候我们能明显看出图片的加载要滞后一些。所以页面中的一幅图片通常不允许太大，较大的图片可以在页面分割之后再以多个图像元素的方式插入页面中。

在 HTML 页面中插入图像的标记是<img>，其基本格式如下。

```
<img src="图像URL" alt="替代文本" [其他可选属性] />
```

<img>标记是单标记，只有开始标记，没有结束标记，开始标记中的"/"可以省略不写。它还是行内元素，用于在当前行中插入一幅图像，图像前后的文本默认与图像底部对齐，如图 4-1 所示。由于图片本身就有大小，所以严格地讲，插入图片的本质是使用<img>标记在页面中创建一块行内区域，用以容纳被引用的图像。

<img>标记有两个必需的样式属性：src 属性和 alt 属性。

图 4-1　段落中插入图片的效果

1. src 属性与图像路径

<img>标记的 src 属性是必需的。它的值是图像文件的 URL，也就是引用该图像的文件绝对路径或相对路径。

在实际工作中，我们通常在网站目录下建立一个文件夹来专门存放图像文件，这类文件夹可以命名为"pics"或"images"，存放的图像格式可以是 JPG、GIF 或 PNG 等格式。准备好图片素材以后，在 HTML 中插入<img>标记，再使用路径指明图像文件的位置。路径的使用方式有以下两种。

（1）绝对路径

绝对路径一般是指带有盘符的路径或完整的网络地址，如"D:\myweb\img\logo.gif"，或者"http://www.sict.edu.cn/images/logo.gif"

网页中不推荐使用绝对路径，因为网页制作完成之后，我们需要将所有的文件上传到服务器，这时图像文件可能在服务器的 C 盘，也有可能在 D 盘、E 盘，还可能在 aa、bb 文件夹中。也就是说，很有可能服务器上不存在"D:\myweb\img\logo.gif"这样一个路径，当然也就无法找到指定的图像文件了。

（2）相对路径

相对路径不带有盘符，通常是以当前 HTML 网页文件为起点，通过层级关系描述目标图像的位置。

一个网站中通常会用到很多图像，为了方便查找，我们可能需要对图像进行分类，即将图像放在不同的文件夹中。假设在与网页文件同级的 img 文件夹中有两个文件夹 img01 和 img02，两者分别用于存放不同类型的图像，图像文件 logo.gif 位于 img01 中。文件结构如图 4-2 所示。

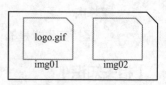

图 4-2　图像文件夹位置示意图

在 index 文件中引用 logo.gif 图像文件的代码如下。

```
<img src="img/img01/logo.gif" />
```

其中，"/"用于指定下一级文件夹。

制作网页时还有一种常见的情况，即图像文件和 HTML 网页文件同时位于独立的文件夹中，例如，图像文件位于 img 文件夹，网页文件位于 html 文件夹。

这时插入图像的代码如下。

```
<img src="../img/logo.gif" />
```

在上面的代码中，"../"用于指定上一级文件夹。从当前 html 文件夹的上一级进入 img 文件夹才能找到图像文件。

总的来说，相对路径的设置分为以下 3 种。

① 图像文件和 html 文件位于同一文件夹：只需输入图像文件的名称即可，如<img src="logo.gif" />。

② 图像文件位于 html 文件的下一级文件夹：输入文件夹名和文件名，中间用"/"隔开，如<img src="img/img01/logo.gif" />。

③ 图像文件位于 html 文件的上一级文件夹：在文件名之前加上"../"，如果是上两级，则需要使用 "../ ../"，以此类推，如<img src="../logo.gif" />。

2. alt 属性

由于图片本身并不包含在网页里，直到加载网页时，浏览器才会从 Web 服务器上下载图片，并在网页上显示出来，如果图片下载失败，则用户看到的将是一个表示断链的图标。这时可以通过<img>标记的 alt 属性指定页面中图像不能显示时的替代文本信息。

alt 属性指定了替代文本，用于在图像无法显示或者用户禁用图像显示时，给用户提供一些提示信息。该属性虽然是<img> 标记的必备属性，但是省略该属性并不会发生错误，主要是为方便搜索引擎抓取图片，同时也为使用屏幕阅读器的残障人士提供方便，推荐网页开发人员在引入图像时都使用这个属性。示例如下。

```
<img src="logo.gif"  alt="网站标志" />
```

如果图片无法正常显示，则在网页上显示为 。

3. 其他可选属性

除了 src 和 alt 两个必备属性之外，<img>标记还有以下几个可选属性。

① title：指定当鼠标指针指向图片时显示的提示信息。

② width：设置图像在页面中的显示宽度，可以设置为像素，也可以设置为原图片大小的百分比的形式。

③ height：设置图像的高度，单位可以是像素或百分比值。

如果不设置 width 和 height，则系统将默认显示图片的真实大小；如果分别设置 width 和 height，则按指定宽高显示。通常情况下，为了保证图片比例不失调，只设置 width 属性或者 height 属性，另一个属性的值会自动按比例变化。

二、CSS 图像样式

在大多数情况下，我们更加倾向于使用 CSS 美化图像。CSS 中可用于调整图像的样式属性如下。

1. 设置图片的宽高

<img>标记虽然是行内元素，但是它是根据 src 属性的值来显示的。由于图像本身有内在尺寸，所以具有宽高属性，可以通过 CSS 重新设定。不指定宽高属性时，按其内在尺寸显示，也就是图片保存时的宽度和高度。

设置方法如下。

```
width: 设置图像的宽度;
height: 设置图像的高度;
```

也可以只设置 width 或 height 属性中的一个，另一个值将会根据内容的尺寸自动调整，防止图像失真。

【例 4-1】设置横栏广告的图像。

向 HTML 文档中写入以下代码。

```
<!DOCTYPE html>
<html>
    <head>
        <meta charset="utf-8">
        <title>插入图片</title>
        <style type="text/css">
            .box{
                margin: 0 auto;
                width: 90%;
            }
            .box img{
                width: 100%;
            }
        </style>
    </head>
    <body>
        <div class="box"><img src="img01/adv2.jpeg" alt="商品图片"></div>
    </body>
</html>
```

在上面的代码中，通过 width: 100%;样式属性设置图片大小和容器盒子等宽，页面运行效果如图 4-3 所示。

图 4-3　网页中插入图片的效果

在实际应用中，向已经布局好的页面模块中插入图片时经常会发生图片过大而超过容器盒子大小的情况。

【例 4-2】图片超出容器大小时默认完整显示。

容器盒子大小为 100px×100px，图片大小为 200px×200px。

```
<!DOCTYPE html>
<html>
```

```
    <head>
        <meta charset="utf-8">
        <title></title>
        <style type="text/css">
            .box{
                width:100px;
                height: 100px;
                border: 1px solid;
            }
        </style>
    </head>
    <body>
        <div class="box"><img src="img/h5.jpg" ></div>
    </body>
</html>
```

运行后的页面效果如图 4-4 所示，图片大小超出容器大小，图片默认完整显示。

容器的大小和位置往往在页面布局时就已经确定好了，后续一般不会随意改变，建议在上传图片时，事先将图片剪切以匹配容器，或者在引用图片时，调整图片的样式大小为容器的 100%，同时对容器使用 overflow:hidden 属性，避免图片占据过多的空间。

【例 4-3】重设容器中图片的大小。

将例 4-2 的 CSS 代码做如下改进。

```
        <style type="text/css">
            .box{
                width:100px;
                height: 100px;
                border: 1px solid;
            }
            .box img{
                width: 100%;
                overflow: hidden;
            }
        </style>
```

页面效果如图 4-5 所示，图片大小被调整至和容器相匹配，超出容器大小的部分被隐藏。

图 4-4 图片超出容器盒子的显示方式

图 4-5 图片大小和容器相匹配

2. 设置图片的行内框

<img>元素虽然是行内元素，但是水平方向的外边距、边框、内间距对它都适用，这些属性都会增加它的占位宽度，且使用方法与块级元素样式属性的用法相同。

- border：设置图像的边框。
- border-radius：设置圆角图像。
- margin：设置图像在 4 个方向的外边距。
- padding：设置图像在 4 个方向的内间距。

【例 4-4】制作网页中的圆形图像。

向 HTML 文档中写入如下代码。

```
<!DOCTYPE html>
<html>
    <head>
        <meta charset="utf-8">
        <title></title>
        <style type="text/css">
            .box{width: 200px; height: 200px; border: 1px solid red; }
            .box img{width:60%; overflow: hidden; border-radius: 50%; border: 1px
solid;margin: 10%; padding: 10%;}
        </style>
    </head>
    <body>
        <div class="box"><img src="img/h5.jpg" ></div>
    </body>
</html>
```

页面效果如图 4-6 所示。图片被裁剪为圆形，超出边界的部分隐藏。

图 4-6　容器盒子中的圆形图像

3. 设置图片的垂直对齐方式

<img>是行内元素，不会独占一行。如果同一行中还有其他的行内元素，则可以设置它们之间的垂直对齐方式。具体设置方法如下。

vertical-align: 同一行中图像与文字的垂直对齐方式;

默认情况下，该属性仅仅影响图片、按钮、文字和单元格等行内元素。常用的取值如下。

- top：图像顶端与第一行文字的行内框顶端对齐。
- text-top：图像顶端与第一行文字的文本顶线对齐。
- middle：图像垂直方向中间线与第一行文字对齐。
- bottom：图像底线与第一行文字的行内框底端对齐。
- text-bottom：图像底线与第一行文字的文本底线对齐。
- baseline：图像底线与第一行文字的基线对齐。

【例 4-5】设置图像与文本的对齐关系。

向 HTML 文档中写入如下代码，同一行中包含图片和行内文本两个元素。

```
<!DOCTYPE html>
<html>
    <head>
        <meta charset="utf-8">
        <title> vertical-align </title>
        <style type="text/css">
            img{vertical-align:top; }
            span{ line-height: 60px;}
        </style>
    </head>
    <body>
        <h2>图像与文本的对齐关系</h2>
        <hr />
        <div><img src="img/h5.jpg"/><span>行高 60px，图像顶端与第一行文字行内框顶端对齐
</span></div>
    </body>
</html>
```

运行效果如图 4-7 所示，top 效果为图像顶端与第一行文字的行内框顶端对齐。

将 CSS 改动如下。

```
<style type="text/css">
        img{vertical-align: text-top; }
        span{ line-height: 60px;}
</style>
```

文字和图片的对齐关系如图 4-8 所示，text-top 效果为图像顶端与第一行文字的文本顶线对齐。

图 4-7　vertical-align:top 效果

图 4-8　vertical-align:text-top 效果

4. 将图像转换为块级元素

和其他元素一样，对<img>标记使用 display 属性可以在块级元素和行内元素之间转换。示例如下。

```
display:block;
```

该段代码可以将图像转换为块级元素。

<img>标记是行内标记，只要没有采用其他换行方法，在浏览器窗口宽度允许的情况下，各个<img>插入的图像都将在一行中显示。

【例 4-6】将多幅行内图片显示在同一行。

在 HTML 文档中写入如下代码，将两幅图片显示在同一行。

```
<!DOCTYPE html>
```

```
<html>
    <head>
        <meta charset="utf-8">
        <title>行内图片</title>
        <style type="text/css">
            .pic img{width: 400px; }
        </style>
    </head>
    <body>
        <div class="pic">
            <img src="img01/banner.jpg" alt="">
            <img src="img01/banner.jpg" alt="">
        </div>
    </body>
</html>
```

效果如图 4-9 所示。我们仔细观察可以发现，两个<img>元素之间有一条很小的缝，这条缝是从何而来的呢？又该如何消除呢？

其实多个 inline-block 或者 incline 元素之间出现缝隙是因为代码中有空格，在页面上表现为一条一个字符宽的缝，将多个 img 标记写在同一行就可以解决这个问题。上面的代码可以修改为如下形式。

```
<div class="pic"><img src="img01/banner.jpg" alt=""><img src="img01/banner.jpg" alt=""></div>
```

这时再预览页面，效果如图 4-10 所示，中间的缝隙不见了，两幅行内图片紧紧拼接在一起。

图 4-9　行内图片

图 4-10　行内图片

当然，还可以设置图像的 display:block;样式属性将其转换为块级元素，这样块级盒子之间的距离就可以使用 margin 等样式属性来精确控制。如果希望图像水平方向无缝拼接，则只需要设置 float 浮动就可以，但是要注意浮动以后带来的一系列问题。

【例 4-7】利用浮动实现图像无缝拼接。

向 HTML 文档中写入如下代码，使用浮动将两幅图片无缝拼接。

```
<!DOCTYPE html>
<html>
    <head>
        <meta charset="utf-8">
        <title>行内图像和块级图像</title>
        <style type="text/css">
            .pic img{
                width: 400px;
                float: left;
            }
        </style>
    </head>
```

```
    <body>
        <div class="pic">
            <img src="img01/banner.jpg" alt="">
            <img src="img01/banner.jpg" alt="">
        </div>
    </body>
</html>
```

页面运行效果如图4-10所示。元素浮动的同时,也将行内元素转换为块级元素了,所以display:block;可以省略不写。在浮动状态下,我们仍然可以使用margin样式属性控制块级图像之间的距离,例如,设置margin: 0 20px ;,图像水平间距增大,读者可以自行测试,在开发中根据实际需要使用。

> **素养提示** 不同性质的网站对图像的要求也不一样。新闻门户类网站对图像的真实度要求极高,在插入图像时不能随意变形、随意裁切等,开发人员务必坚持实事求是的精神,而电商类或其他艺术创作类网站事先将图片进行了艺术化处理,开发人员在插入图像时也不能随意改变宽高比、挤压变形等,要尊重美工的设计效果。

【项目实践】

在网上商城首页布局的基础上插入图像,如图 4-11 和图 4-12 所示。

图 4-11　插入图像后的页面效果

微课 4-2

插入图像

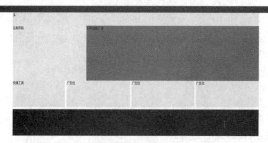

图 4-12　网站首页页面布局(上半部分)

对照页面效果图,我们发现左侧导航模块覆盖在主体区域广告部分,以半透明色填充,所以可以先暂时隐藏左侧导航模块,后续通过定位或者浮动等其他方式将其加入。

需要插入的图像为随书配套素材文件中 img01 文件夹中的 banner.jpg、pic1_1.jpg、

pic1_2.jpg、pic1_3.jpg。

1. 主体区域广告部分

插入图像代码参照如下。

```
<div class="banner">
    <!-- <div class="banner_l">左侧导航</div> --><!--暂时隐藏不显示-->
    <div class="banner_r"><img src="img01/banner.jpg" ></div>
</div>
```

CSS 部分代码如下。

```
.banner{width: 90%;margin: 0 auto;}
.banner_r{  height: 100%;       }
.banner_r img{  width: 100%;  }
```

以上样式中去除了页面布局中用于占位以便于查看的盒子背景、盒子固定高度等样式。

2. 3 个广告位部分

图像插入代码可参照如下。

```
<div class="main content1">
    <div class="con">快捷工具</div>
    <div class="con"><img src="img01/pic1_1.jpg" ></div>
    <div class="con"><img src="img01/pic1_2.jpg" ></div>
    <div class="con"><img src="img01/pic1_3.jpg" ></div>
    <div class="con">横幅广告</div>
</div>
```

CSS 部分代码如下。

```
.content1 .con img{ width: 100%;}
```

这里去掉了占位盒子的背景颜色。

任务 4-2　网站首页中文本的应用

微课 4-3

网站首页中文本
的应用

【任务提出】

　　网络上的信息有 95%以上是以文字的形式存在的，但是网站首页的文字不宜过多。在本任务中，小王主要完成网站首页中文本的添加。遵循的原则是网站首页文字的设计要突出美感，让空间、文字、图形相互均衡，产生和谐的视觉效果。网站详情页往往需要大段的文字，要注意段落的样式设计，以及图文混排的效果等。

【学习目标】

📖　**知识点**
- 掌握各类文本标记及其属性的用法。
- 掌握文本标记的样式。

📖　**技能点**
- 能够向网页中添加文本。
- 能够熟练调整文本的样式。

📖 **素养点**

● 学习并弘扬科学家精神。

【相关知识】

向网页指定位置插入文字需要使用一系列新的样式属性，以便对文字和段落进行精确设置。

一、插入文本

文本是 HTML 中使用最多的展示内容，用适当语义的标记对文本数据进行结构化是架构网站的基本技能。常用的文本标记有标题<h1>～<h6>、段落<p>、换行
、水平线<hr/>、强调文本<strong>与<em>等，不同浏览器对不同文本标记有自己默认的呈现样式。

1. 块级文本标记

（1）标题标记<h1>～<h6>

<h1>～<h6> 标记可定义 6 级不同大小的标题。<h1> 定义最大的标题，<h6> 定义最小的标题。用法如下。

```
<hn>标题文本</hn>
```

标题标记为双标记，*n* 的取值为 1～6。由于其拥有确切的语义，有明显的主次和轻重关系，因此要选择恰当的标记层级来构建文档的结构，<h1>常用作主标题，<h2>是次重要的标题，以此类推。<h1>～<h6>在 Chrome 浏览器下默认的呈现样式如图 4-13 所示。

图 4-13 <h1>～<h6>的默认呈现样式

（2）段落标记<p>

在网页中要把文字有条理地显示出来，离不开段落标记。如同我们平常写文章一样，整个网页也可以分为若干个段落，段落的标记就是<p>。其基本语法格式如下。

```
<p>段落文本</p>
```

作为块级元素，p 标记会自动在段落前后创建一些空白区域，大小有别于行间距，可以通过样式属性 margin 来改变。段落默认间距如图 4-14 所示。

（3）水平线标记<hr />

在网页中常常可以看到一些水平线将段落与段落隔开，使得文档结构清晰，层次分明。这些水平线可以通过插入图片实现，也可以简单地通过标记实现，<hr/>就是创建横跨网页水平线的标记。其基本语法格式如下。

```
<hr/>
```

效果如图 4-15 所示，出现一条灰色的横线。

图 4-14 p 标记默认边距大小

图 4-15 水平线

<hr/>是块级元素，块级元素的样式属性对于 hr 标记同样有效。示例如下。

```
<hr style="width: 80%; margin: 0 auto; background: #0000FF;">
```

我们将得到一条占父级容器宽度 80% 的水平居中的蓝色横线。需要注意的是，我们看到的水平线其实是一个高度为 0 的有边框的小矩形盒子。

2. 行内文本标记

行内文本的一系列标记可以为段落中的个别文字设置特殊效果，有效增加可读性。

（1）<span>标记

<span> 标记经常被用来修饰段落中的某一部分文本，没有特定的含义。如果没有设置样式，则 span 元素中的文本与其他文本也不会有任何视觉上的差异。对 span 元素设置 CSS 样式可以为行内文本设置特殊效果。绝大多数行内修饰标记，如加粗<b><strong>、斜体<i><em>、下划线<u>等，都可以被<span>取代，在样式表中设置 span 元素的样式可以更好地实现内容与形式分离。

【例 4-8】使用 span 标记实现首字下沉效果。

向 HTML 文档中写入如下代码，其中段首文字使用 span 标记单独设置样式。

```
<!DOCTYPE html>
<html>
    <head>
        <meta charset="utf-8">
        <title>文本</title>
    </head>
    <body>
        <p><span style="color: red; font-size:2.5em; font-family: 楷体; float:left;">中</span>国茶文化是中国制茶、饮茶的文化。中国是茶的故乡，中国人发现并利用茶，据说始于神农时代，少说也有 4700 多年了。直到现在，汉族还有以茶代礼的风俗。潮州工夫茶作为中国茶文化的古典流派，集中了中国茶道文化的精粹，作为中国茶道的代表入选了国家级非物质文化遗产。日本的煎茶道、中国台湾地区的泡茶道都来源于中国广东潮州的工夫茶。</p>
    </body>
</html>
```

页面运行效果如图 4-16 所示。将段首文字放大 2.5 倍，并设置浮动效果后，形成首字下沉的效果。

（2）mark 标记文本

<mark>是 HTML5 中的新标记，用来定义带有记号的文本，表示页面中需要突出显示或高亮显示的信息，也是行内元素。其用法如下。

```
<p>床前明月<mark>光</mark></p>
```

运行完整代码后的页面效果如图 4-17 所示。

图 4-16 span 标记的用法

图 4-17 mark 标记的用法

3. 其他标记

除了常见的块级文本标记和行内文本标记外，CSS 还提供了一部分具有特殊意义的标记。

（1）换行标记

在 HTML 中，一个段落中的文字会从左到右依次排列，直到父级盒子的右端，然后自动换行。如果希望某段文本强制换行显示，就需要使用换行标记
，如果还像在 Word 中直接按回车键，换行就不起作用了。HTML 中的
元素属于内联元素，但是除了换行也没有其他实际意义。

（2）注释标记

在开发中为代码添加适当的注释是一种良好的习惯。注释只在编辑文本的情况下可见，在浏览器展示页面时并不会显示。

在 HTML 中用"<!--"和"-->"标记插入注释，该标记不支持任何属性。其语法结构如下。

```
<!--注释的文本内容-->
```

示例如下。

```
<!--以下是通知板块 -->
<div>这里是最新通知。</div>
```

"<!--"和"-->"之间的任何内容都不会显示在浏览器中。

CSS 中的注释必须以"/*"开始，以"*/"结束，中间加入注释内容。注释可以放在样式表之外，也可以放在样式表内部。其语法结构如下。

```
/*注释的文本内容*/
```

示例如下。

```
/*定义网页的头部样式*/
.head{ width: 960px; }
/*定义网页的底部样式*/
.footer {width:960px;}
p{
    color: #ff7000;   /*字体颜色设置*/
    height: 30px;     /*段落高度设置*/
}
```

（3）特殊字符

浏览网页时，我们常常会看到一些包含特殊字符的文本，如数学公式、版权信息等。那么如何在网页上显示这些包含特殊字符的文本呢？HTML 为这些特殊字符准备了专门的替代码，如表 4-1 所示。

表 4-1　特殊字符表

字符	描述	替代码
	空格	
<	小于号	&lt;
>	大于号	&gt;
&	和号	&amp;
¥	人民币	&yen;
©	版权	&copy;
®	注册商标	&reg;
°	摄氏度	&deg;

（续表）

字符	描述	替代码
±	正负号	&plusmn;
×	乘号	&times;
÷	除号	&divide;
2	平方	&sup2;
3	立方	&sup3;

常用的特殊字符有空格（ ）、版权符号（©）、人民币（¥）等，在 HTML 代码中直接插入即可使用。

二、CSS 字体和文本样式的应用

CSS 字体和文本样式是相对于文字部分进行的样式修饰。准备好网页上需要显示的文本内容后，还需要设置字体、文字大小、颜色、行间距、对齐方式等，这些在 CSS 中都有与之对应的样式属性。

1. 字体样式

字体样式是关于文字设置的集合，这些设置可包括字体、文字大小及特殊效果等。CSS 中常用的字体样式属性如表 4-2 所示。

表 4-2　常用的字体样式属性

样式属性	描述	取值
font-family	字体系列	font-family: "Times New Roman", Times, serif;
font-size	字号	14px 16pt 1.5em
font-style	斜体	italic
font-weight	粗体	bold
font	一次性设置所有的字体属性	font:italic bold 18px'幼圆';

（1）设置字体

设置字体的样式属性是 font-family，语法结构如下。

```
font-family:字体1,字体2…;
```

font-family 有两种类型的字体系列名称可以作为值。

① 指定具体字体名称，如"Times New Roman"、"黑体"、"arial"等。为防止用户机器上的该字体系列不可用，font-family 取值为具体字体名称时通常会多定义几个备用字体，如果第一个字体没有，就按照第二个字体显示。双引号可以省略，但是字体名称内部如果有空格，那么一定要用双引号把字体名称引起来。

② 指定通用字体集名称，通用字体集名称就是统一描述一类字体样式的名称，如"serif（有边饰字体）""sans-serif（无边饰字体）"等。浏览器在遇到字体集名称时，会自动从系统中寻找与之

匹配的字体进行显示。通用字体集名称如表 4-3 所示。

表 4-3　通用字体集名称

通用字体集名称	特征	说明
serif	有边饰字体	该类字体笔画有粗细变化，不建议作为标题字体使用，如宋体（SimSun）、Times New Roman 等
sans-serif	无边饰字体	该类字体通常是机械的和统一线条的，它们往往拥有相同的曲率、笔直的线条、锐利的转角如微软雅黑（Microsoft Yahei）、Tahoma 等
monospace	等宽字体	等宽字体是指字符宽度相同的计算机字体，如 Consolas
cursive	卷曲字体	浏览器中不常用
fantasy	花哨字体	浏览器中不常用

使用通用字体集名称的好处是浏览器总能从系统中找到与之相匹配的具体字体，而不必担心某种字体甚至备用字体都不可用。所以，设计者在定义任何字体时，最好都在最后加上一个通用字体集，以保证字体显示万无一失。示例如下。

```
font-family: "Times New Roman", Times, serif;
```

还要注意在同一个网站中尽量不要使用超过 3 种字体，否则会使网站看起来比较混乱，缺乏结构化。

（2）文字大小

设置文字大小的样式属性是 font-size，具体用法如下。

```
font-size:16pt;
font-size:12px;
font-size:2em;
```

在 CSS 中，字体大小的设置单位常用的有 3 种：px、pt 和 em。

① px 即 pixel（像素），是屏幕上显示数据最基本的点，常用于网页设计，其大小与设备的显示分辨率相关。所以，像素的大小是会"变"的，其也称为"相对单位"。各大浏览器厂商不约而同地把字号都默认为 16px。如果 font-size 设置得过小，则 Chrome 中文界面默认会将小于 12px 的文本强制按照 12px 显示。

② pt 就是 point，英文音译为"磅"，中文读作"点"，是排版印刷中常用的文字大小单位。pt 是固定的长度单位，1pt=1/72 英寸。

在默认显示设置中，1px = 1/96 英寸，结合 1pt=1/72 英寸的关系，可换算出 96px=72pt。

③ em 是相对长度单位，相对于当前对象内文本的字体尺寸，如果当前对象内文本的字体尺寸未被重新设置，则为相对于浏览器的默认字体尺寸。在默认大小情况下，1em=16px，1.25em=16px×1.25= 20px。如果在 body 中定义 font-size:12px;，则 1em=12px，1.25em=12px×1.25=15px。

（3）文字加粗、倾斜与大小写

文字的一些其他样式设置，如加粗、倾斜等，虽然有<b>、<strong>、<i>等专门的行内标记，但是更建议使用 CSS 样式。具体用法如下。

① 倾斜：font-style: italic; /*斜体*/。

② 粗体：font-weight: bold; /*加粗*/。

③ 变体：font-variant: small-caps; /*小体大写*/。

（4）用 font 综合设置样式

如果将所有关于字体的样式设置在一个 font 属性中，则必须按照指定的顺序来写，各个属性值之间用空格隔开。格式如下。

```
选择器{font:font-style font-variant font-weight  font-size  font-family;}
```

其中不需要设置的属性可以省略（取默认值），但必须保留 font-size 和 font-family 属性，否则 font 属性将不起作用。

2. 文本样式

文本样式主要涉及多个字符的排版效果，如水平对齐、垂直对齐、行高、缩进等。常用的文本样式如表 4-4 所示。

表 4-4　常用的文本样式

样式属性	描述	取值

color	文本颜色	red
		#f00
		#ff0000
		rgb(255,0,0)

line-height	行高	14px　1.5em　120%
text-decoration	装饰线	none overline underline line-through
text-indent	首行缩进	2em
text-align	水平对齐方式	center left right justify
letter-spacing	字符间距	2px　-3px

（1）文本颜色

用于设置前景字符颜色的样式属性是 color。该属性改变的是文本的颜色，使用时要与背景色 background-color 样式属性区分。其用法如下。

```
color:blue;
color:#0000ff;
color:#00f;
color:rgb(0,0,255);
color:rgb(0%,0%,100%);
```

以上 5 种颜色的取值都可以将文本设置为蓝色。

（2）行高

行高是指文本行的基线间的距离，即每行文字的下基线与下一行文字的下基线之间的距离（或者每行文字的上基线与下一行文字的上基线之间的距离），其用法如下。

```
line-height:30px;
```

line-height 的一个很重要的应用就是通过调整其值实现单行文字在容器中垂直居中。

【例 4-9】行高的应用——设置垂直居中对齐效果。

向 HTML 文档中写入如下代码。

```
<!DOCTYPE html>
<head>
    <meta charset="UTF-8">
    <title>line-height</title>
    <style type="text/css">
        #txt{
            font-family: 微软雅黑;
            height: 60px;
            background-color: #eee;
            font-size: 16px;
            line-height: 60px; }
    </style>
</head>
<body>
    <p id="txt">垂直居中的文本</p>
</body>
```

页面效果如图 4-18 所示。在上面的代码中，文本所在的容器盒子的高度为 60px，而文本的行高也恰恰为 60px，所以文本能够在盒子中垂直居中显示。

在 CSS 盒模型中，要使内容水平居中可以将左右 margin 的值设置为 auto，由浏览器自己计算并确定水平位置，但是内容垂直居中就不那么方便设置了，单行文本经常使用 line-height 样式属性来设置垂直居中效果。

（3）装饰线

text-decoration 样式属性的作用是在文本的上面、中间或下面添加线条。取值为 overline 时，在文本上面添加装饰线；取值为 line-through 时，在文本中间添加删除线；取值为 underline 时，在文本下面添加下划线。图 4-19 所示为 3 种装饰线的效果。

图 4-18　单行文本垂直居中对齐效果

图 4-19　3 种装饰线的效果

text-decoration 属性经常用于为超链接文本去掉下划线。默认情况下，<a>标记做出来的超链接默认有下划线，为了美观，可以将其 text-decoration 的值设置为 none，强行去掉下划线。<a>标记将在后面的项目中详细学习，在下面例子中仅对下划线的样式进行设置。

【例 4-10】去掉超链接的默认下划线。

向 HTML 文档中写入超链接元素，并设置样式。

```
<!DOCTYPE html>
<html>
    <head>
```

```
            <meta charset="utf-8">
            <style type="text/css">
                a{text-decoration: none;}
            </style>
    </head>
     <body>
            <a href="#">超链接 1</a> <a href="#">超链接 2</a> <a href="#">超
链接 3</a>
    </body>
</html>
```

超链接文本默认是有下划线的，在 CSS 中可以使用 text-decoration 属性强行去掉下划线。去掉下划线前后的效果对比如图 4-20 所示。

图 4-20　使用<a>标记去掉下划线前后的效果对比

（4）首行缩进

首行缩进是将段落的第一行缩进，这是常用的文本格式化效果，一般为缩进两个字符。text-indent 属性的初始值为 0，text-indent:2em;实现段首空两格的效果。text-indent 还可以取负值，实现悬挂缩进的效果。text-indent 分别为 2em 和-1em 时的页面效果如图 4-21 所示。

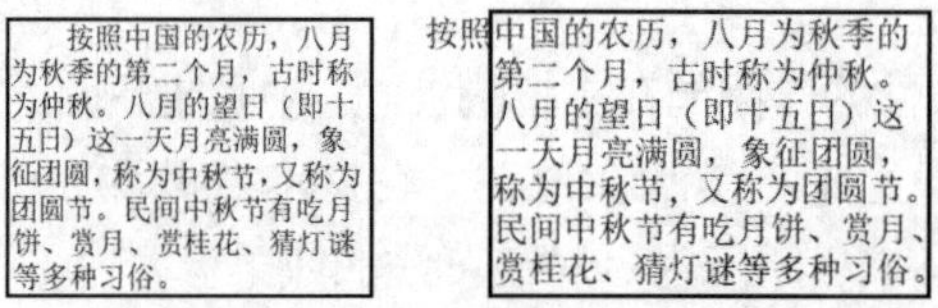

图 4-21　text-indent 分别为 2em 和-1em 的页面效果

（5）水平对齐方式

text-align 用于设置水平方向上的对齐方式，可以取值为 left、right、center 等。

语法结构如下。

```
text-align: left | right | center | justify;
```

① left：为默认值，左对齐。

② right：表示右对齐。

③ center：表示居中对齐。

④ justify：表示两端对齐。

（6）字符间距

letter-spacing 属性用于增加或减少字符间的空白（字符间距）。该属性定义了在文本字符框之间插入多少空间。默认值 normal 相当于 0。示例如下。

```
<p style="letter-spacing:10px;"> thisisatest </p>
```

显示结果为"t h i s i s a t e s t"。

```
<p style="letter-spacing:10px;"> 这是一个测试</p>
```

显示结果为"这　是　一　个　测　试"。

letter-spacing 的值允许为负值，这会让字母之间靠得更紧，或者出现重叠的效果。读者可以自行测试一下。

另外还有一个 word-spacing 属性，用于增加或减少单词间的空白（字间隔）。该属性用于定义元素中单词之间插入多少空白。同样，默认值 normal 等同于设置为 0，该属性也允许指定为负值，这会让单词之间靠得更紧。

示例如下。

```html
<p style="word-spacing:10px;"> this is a test</p>
```

显示结果为"this   is   a   test"。

letter-spacing 和 word-spacing 二者有何区别？ letter-spacing 属性增加或减少的是字符间的空白（字符间距），word-spacing 属性增加或减少的是单词间的空白（字间隔）。那么如何区分哪些字符是一个单词呢？浏览器以空格为标准，使用空格隔开的为一个单词，所以 word-spacing 会把连续的一串中文字符当作一个单词。示例如下。

```html
<p style="word-spacing:10px;">这是一个测试</p>
```

显示结果仍然为"这是一个测试"。

可以看出，文字之间并没有产生间隔。

【项目实践】

1. 图文页面排版

为 HTML 代码中的文字和图片添加 CSS 样式，实现图 4-22 所示的页面效果。

微课 4-4

新闻网页

图 4-22　项目实践 1 页面效果

本项目所需图片为本书配套素材中 img 文件夹下的 xinhua.jpg。

素养提示　党的十八大以来，我国科技事业实现历史性变革，取得历史性成就，这离不开科学家们的忘我奋斗，离不开科学家精神的大力弘扬。科学家们胸怀祖国、服务人民的爱国精神，勇攀高峰、敢为人先的创新精神，追求真理、严谨治学的求实精神，淡泊名利、潜心研究的奉献精神，集智攻关、团结协作的协同精神，甘为人梯、奖掖后进的育人精神，都是非常值得我们当代大学生学习的。

```
<body>
        <h1>新华网评: 以科学家精神引领创新之路</h1>
        <img src="img/xinhua.jpg" >
        <p><span>一</span>部科学史, 其实也是一部科学家的精神史。新中国成立以来, 广大科技工
作者在祖国大地上树立起一座座科技创新的丰碑, 也铸就了独特的精神气质。从李四光、钱学森、钱三强、邓稼先等
一大批老一辈科学家, 到陈景润、黄大年、南仁东等一大批新中国成立后成长起来的杰出科学家, 他们身上总有一种
极为相似的精神气场, 他们让爱国、创新、求实、奉献、协同、育人的科学家精神熠熠生辉。尽管沧海桑田、斗转星
移, 但伟大的科学家精神总是历久弥新、催人奋进。</p>
</body>
```

请读者自行根据效果图设计图像和文本的 CSS 样式, 注意文本和图像之间要有适度的间隙。

CSS 样式代码参照如下。

```
<style type="text/css">
    h1{
        background: #8FBC8F;
        color: #00214E;
        font-family: 微软雅黑;
        font-size: 24px;
        line-height: 60px;
        height: 60px;
        text-align: center;
    }
    img{
        float: left;
        padding: 10px;
        border: 1px solid;
        margin-right: 10px;
    }
    p span{
        float: left;
        font-size: 2em;
        line-height: 2em;
    }
    p{
        line-height: 1.5em;
        font-family: 微软雅黑;
        font-size: 16px;
    }
</style>
```

2. 为网上商城首页的文字和图片排版

继续向网上商城首页添加图片和文本, 效果如图 4-23 所示。

分析: 本项目的难点是横幅广告部分的设计制作, 如图 4-24 所示。

为方便后期为文字单独添加动态效果, 在容器盒子中需要将背景、图片和文字单独呈现。背景颜色为#E2F1F8, 图片为本书配套素材 img01 文件夹下的 adv_1.png, 文字样式设置参照效果图。

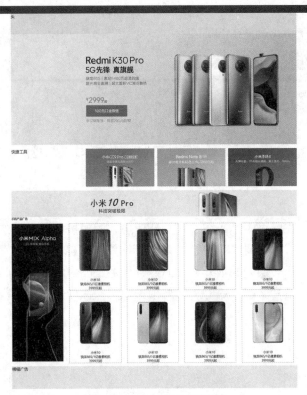

图 4-23　项目实践 2 页面效果

图 4-24　横幅广告部分

（1）使用两个水平排列的盒子给文字和图片的位置做大致的划分，可参考以下 HTML 代码。

```
<div class="con">
    <div id="txt">
        <h1>小米<span>10</span>Pro</h1>
        <h3>科技突破极限</h3>
    </div>
    <div id="adv"><img src="img01/adv_1.png"></div>
</div>
```

（2）在 CSS 中详细设置各个部分的位置，参考代码如下。

```
.content1 .con img{
    width: 100%;
    vertical-align: bottom;/* 去除图片下方的空白 */
    }
.con:nth-child(5){
    background: #E2F1F8;
    grid-column:1/5;
    }
#txt{
    width: 60%;
```

```
        float: left;
        text-align: center;
        }
#txt span{
        font-style: italic;
        color: red;
        font-size: 1.5em;
        }
#adv{width: 40%;float: left;}
#adv img{width: 50%;}
```

【小结】

本项目学习了如何在网页中插入图像和文字信息，同时按照效果图的要求对图像、文本和段落进行精确的样式设置。需要注意的是，img 标记是行内标记，要遵循"行布局"的规则，也可以根据开发需求将其转换为块级元素。另外，无论是图像还是文本，都要严格按照效果图的要求进行样式设置，结合之前学过的盒模型相关知识，保证页面的美观和在不同浏览器下的兼容性。

【习题】

一、填空题

1. 向网页中插入图像文件时，文件类型可以是_____、_____、_____类型。

2. 在 HTML 页面中制作一个图像，在标记<img/>中必须设置的属性是_____，想要在鼠标指针指向这个图像时浮出一条提示信息，应该使用的属性是_____。

3. 样式定义中使用的注释格式是_____。页面代码的注释格式是_____。

4. 样式属性_____可设置文本的斜体效果，样式属性_____可设置文本的加粗效果。

二、选择题

1. 在 html 文件夹中存在页面文件 page.html，在其内部存在代码<img src="../images/img1.jpg">，根据代码中的路径标识，images 文件夹与 html 文件夹的位置关系是（　　）。

A. 两者位于同一个父文件夹中

B. images 是 html 的父文件夹

C. html 是 images 的父文件夹

D. 两者之间没有任何关系

2. 若要设置图片与同一行文本之间的对齐关系，需要使用的样式属性是（　　）。

A. text-align　　　B. target　　　C. width　　　D. vertical-align

3. 插入图像时，建议使用哪种路径方式？（　　）

A. 相对路径　　　B. 绝对路径　　　C. 根路径　　　D. 引用路径

4. 下列路径中属于绝对路径的是（　　）。

A. http:// www.ptpress.com.cn/index.html

B. /student/webpage/10.html

C. 10.html

D. webpage/10.html

5. 下列标记中属于行内标记的是（   ）。

A. <p>   B. <div>   C. <img>   D. <table>

6. 下面哪一组样式属性都是与文本有关的？（   ）

A. font-size、line-height、padding

B. text-decoration、height、font-style

C. font-weight、text-indent、line-height

D. float、padding、line-height

7. 下面说法中错误的是（   ）。

A. 段落标记的结束标记可以省略

B. 水平线标记不需要结束标记

C. 水平线标记可以使用 color="blue"来定义水平线的颜色为蓝色

D. 段落标记内部可以使用 color="red"来设置段落文本的颜色为红色

8. 样式属性 line-height 的作用是（   ）。

A. 设置下划线

B. 设置文本行高

C. 设置缩进

D. 设置盒子的高度

9. 哪个 CSS 属性可控制文本的尺寸？（   ）

A. text-size   B. text-style   C. font-style   D. font-size

10. 网页中的特殊字符一般是以（   ）符号开始的。

A. &   B. %   C. @   D. ～

项目5
向网站首页添加导航

05

【情境导入】

为了做好自己的网上商城网站项目，小王最近上网浏览了大量网页，他发现导航是页面中必不可少的一部分，也是整个网页的核心。不同网站的导航效果千变万化，深深吸引了他。于是，小王跑去请李老师给他指点一下制作导航的思路和方法。李老师让小王先从超链接的应用做起，逐步由一级导航过渡到二级导航菜单的设计。

任务 5-1 页面中超链接的使用

微课 5-1

页面中导航的
设计

【任务提出】

小王需要在网上商城项目中实现各类网页的跳转功能，这就需要使用超链接标记。本任务中重点学习网页中各种超链接的实现方法，学习<a>标记及其属性在网页中的基本应用。

【学习目标】

📖 **知识点**
- 掌握<a>标记及其属性的用法。
- 掌握不同类型超链接的属性设置方法。

📖 **技能点**
- 能够熟练为网页添加内部链接和外部链接。
- 能够设置锚点链接。

📖 **素养点**
- 培养创新创业能力和团队意识。

【相关知识】

网站有不同类型的超链接，包括同一网站域名下页面的相互链接、不同网站之间的链接、页面内部不同位置的链接、可下载的链接等，这些链接需要使用<a>标记及其属性共同实现。

一、认识超链接

Web 的最初目的就是提供一种简单的方式来访问、阅读和浏览文本文档。网络上所有可用的网页都拥有一个独一无二的 URL 地址，要访问某个页面，只需在浏览器地址栏中输入该页面的地址即可。但是，用户很难每次都通过输入一个长 URL 来访问某个文档，超链接可以将任意文档与 URL 地址相关联，只要激活链接就可以跳转到目标文档。所以，在互联网中，超链接是各个网页之间的桥梁，一个网站内部的页面必须通过超链接连接起来。进入网站时，用户先看到的是首页，如果想从首页跳转到其子页面或者其他网站，就需要在首页相应的位置单击超链接。

超链接可分为以下 3 种。

（1）内部链接：同一网站域名下页面的相互链接，没有内部链接，就没有网站，如图 5-1 所示。

（2）外部链接：链接到其他网站的链接，如某个网址，或者某个其他类型的文件，没有外部链接，就没有 Web，如图 5-2 所示。

图 5-1　内部链接示意图　　　　　　　　　　　图 5-2　外部链接示意图

（3）锚点链接：链接到同一页面的不同部分，大多数链接将两个网页相连，而锚点将一个网页中的两个段落相连。当单击指向锚点的链接时，浏览器会跳转到当前文档的另一部分，而不是加载新文档，如图 5-3 所示。

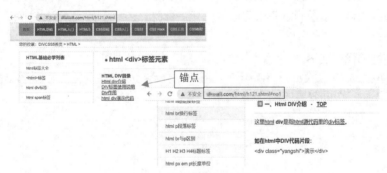

图 5-3　锚点链接示意图

在图 5-3 中，单击锚点链接，将跳转到当前网页的指定位置，文档的 URL 地址并没有发生改变，只是在原来的 URL 地址后面添加了一部分内容，我们称之为锚标记。

二、创建超链接

创建超链接的方法非常简单，只需用<a></a>标记环绕被链接的对象即可。

基本语法格式如下。

```
<a href="跳转目标" target="目标窗口的弹出方式" title="介绍信息">文本或图像</a>
```

上述超链接标记<a>是双标记、行内标记，href、target 和 title 是其常用属性。

1. href 属性

href 用于指定链接目标的 URL 地址，该属性是必不可少的，当为<a>标记应用 href 属性时，它就具有了超链接的功能。

href 属性的值是网页或资源的地址。例如，href="https://www.sict.edu.cn/index.html"是互联网上一个网页的完整 URL 地址，属于外部链接。外部链接通常要使用完整的链接地址，必须包含所使用的协议（HTTP、HTTPS 等），否则将是一个无效链接。

链接地址也可以是相对路径，例如，href="web1/page1.html"将目标地址设置为当前网站内部的某个页面。对于内部链接，通常使用相对路径。

2. target 属性

target 属性用于指定链接页面的打开方式，默认情况下为刷新当前网页所在的窗口，加载新的页面，也可以指定其他窗口。

target 属性值及用法如下。

①_self：默认状态，在当前页面所在窗口打开链接的网页。

②_blank：在当前浏览器中打开一个新窗口来加载链接的网页。

③_parent：在父窗口打开链接的网页，在框架集中使用。

④_top：清除当前窗口中打开的所有框架，并在整个窗口打开链接的网页。

target 的 4 个值都以下划线开始。常用的属性值是_self 和_blank。现在网站开发几乎不使用框架集，所以_parent、_top 基本不再使用。

3. title 属性

title 属性用于为超链接设置一些介绍信息。当鼠标指针移到设置了 title 属性的超链接上时，会显示 title 属性值的内容。设置 title 不仅可以提升用户体验，还易于被搜索引擎抓取，从而提升网页的访问率和转化率。

设置 title 属性的代码如下。

```
<a href="http://www.baidu.com/" target="_blank" title="转到百度主页">百度</a>
```

运行完整代码后，页面效果如图 5-4 所示。

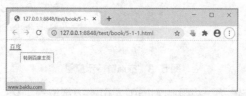

图 5-4　鼠标指针悬停时 title 属性的效果

三、超链接的具体应用

1. 图片链接

网站上的图片经常可以作为超链接，单击图片链接时，会跳转到另一个详情页面。这其实是将图像元素作为了 a 标记的内容。

```
<a href="http://www.ryjiaoyu.com"> <img src="image.png"/></a>
```

运行完整代码后的效果如图 5-5 所示，单击商品图片会进入该商品的详情页。

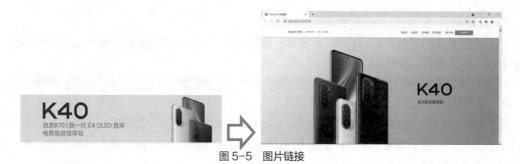

图 5-5　图片链接

2．邮件链接

在很多网站都会有一个可单击的邮箱地址，单击后，会打开邮箱发送邮件，邮件链接的写法如下。

```
<a href=mailto:email 地址>发送邮件</a>
```

这其实是将 a 标记中的 href 属性值设置为邮件发送的相关内容。发送邮件时使用的是 mailto 链接，该链接有以下几个参数。

- name@email.com：这是第一个参数，也是必选参数，用于设置接收方的邮件地址。
- cc=name@email.com：抄送地址（可选）。
- bcc=name@email.com：密送地址（可选）。
- subject=subject text：邮件主题（可选）。
- body=body text：邮件内容（可选）。
- ?：第一个参数与第二个参数的分隔符（可选）。
- &：除第一个和第二个参数之间的分隔符之外的其他参数之间的分隔符（可选）。

示例如下。

```
<a href="mailto:zhangsan@qq.com">zhangsan@qq.com</a>
<a href="mailto:zhangsan@qq.com?cc=name1@qq.com">zhangsan@qq.com</a>
<a href="mailto:zhangsan@qq.com?bcc=name2@qq.com">zhangsan@qq.com</a>
<a href="mailto:zhangsan@qq.com?cc=name1@qq.com&bcc=name2@qq.com">zhangsan@qq.com</a>
```

总体来说，mailto 的第一个参数是必需的，其他参数都是可选的，而且使用起来也比较麻烦，读者简单了解即可。在实际开发过程中，邮件链接更多地被各种即时通信方式所替代。

3．下载链接

还有一些链接在单击后可以下载文件、图片、音频、视频等，这一类链接统称为下载链接。其实现方法是将 href 属性的值设为被下载资源的路径，然后添加 download 属性。示例如下。

```
<a href="./img/1.jpg" download="picture.jpg">下载</a>
<a href="./img/1.jpg" download>下载</a>
```

download 属性是 HTML5 中<a>标记新增的属性。在上面的代码中，第一个下载链接的 download 属性值为 "picture.jpg"，这表示图片下载后命名为 "picture.jpg"，文件扩展名也可以省略不写。第二个下载链接的 download 属性没有属性值，这表明下载后图片的文件名为资源文件的文件名，即 "1.jpg"。

在以前的 HTML 版本中，<a>标记加上 href 属性其实就可以实现下载，但是对于 JPG、PDF 等浏览器可以直接打开的文件则直接在浏览器中打开预览，加上 download 属性后，浏览器会强制进行文件下载，下载的文件名就是 download 所命名的文件名。

4. 空链接

当不确定链接地址时，可以将 href 的属性值写成#，此时单击链接会回到当前网页的顶部，通常用于网站测试阶段。示例如下。

```
<a href="#">回到本网页的顶部</a>
```

5. 锚点链接

锚点链接可以链接到本页面的特定位置，也可以链接到另一个页面的特定位置。由于锚点链接的目标不是一个完整的页面，所以不能直接将某个页面的 URL 地址设为锚点链接目标，必须为目标位置预先定义锚标记。

如何创建锚标记呢？分为以下两个步骤。

第一步，用<a>标记的 id 属性为目标位置创建锚标记。

```
<a id="marker">目标位置</a>
```

第二步，为跳转到该位置，在超链接的 href 属性中使用该标记，注意标记前面要加"#"。

```
<a href="#marker">热点文字</a>
```

单击锚点链接后，浏览器地址栏显示的是页面 URL#marker。

若要链接到其他文档的指定位置，则定义锚点之后需要使用以下代码。

```
<a href= "文档URL#marker">热点文字</a>
```

【例 5-1】应用锚点链接。

在下面的长页面中定义 3 个锚标记，分别为 first、sec、third，要求单击链接热点文字后，跳转到页面中相应的锚标记位置，并查看地址栏。

部分代码如下。

```
<body>
...
    <a href="#first">内部链接</a>   <a href="#sec">外部链接</a> 
 <a href="#third">锚点链接</a>
    ...
    <p><a id="first">（1）内部链接</a>…（具体内容省略）</p>
    <p><a id="sec">（2）外部链接</a>…（具体内容省略）</p>
    <p><a id="third">（3）锚点链接</a>…（具体内容省略）</p>
...
</body>
```

运行结果如图 5-6 所示。单击超链接后，可以在浏览器地址栏中看到目标地址后面已经添加了锚标记。

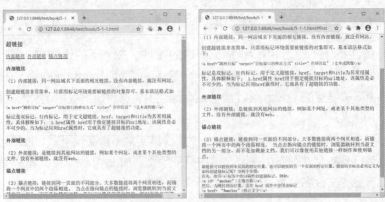

图 5-6 锚点链接

【项目实践】

完成如下超链接，分别实现外部链接、锚点链接、下载链接、邮件链接等链接形式，单击"返回主菜单"可以返回页首。效果如图 5-7 所示。

（a）

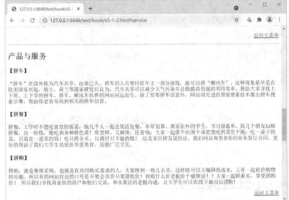

（b）

图 5-7　超链接效果

本项目所需文本见随书配套资源 xm5-1.txt。

> **素养提示**　大学生将所学专业知识有效用于创业实践，既能提升专业技能，又能使创新创业教育向深度和广度发展，从而提升创新创业教育的层次。同时，在创新创业活动进行过程中，团队的组建和磨合也需要大学生具备良好的团队合作意识。

部分代码参考如下。

```html
<body>
    <div>
        <a id="top"></a>
        <a href="http://www.baidu.com">百度搜索</a>  
        <a href="#plan">创业计划</a>  
        <a href="#desc">公司简介</a>  
        <a href="#service">产品与服务</a>  
        <a href="#market">市场分析</a>  
        <a href="#markplan">营销计划</a>  
        <a href="plan.docx" download>资料下载</a>  
        <a href="mailto:123**@163.com">联系我们</a>
    </div>
    <hr>
    <div class="content">
        <a id="plan"></a><h2>创业计划</h2>
        <!-- （省略部分文字） -->
        <p style="text-align: right;"><a href="#top">返回主菜单</a></p>
        <hr >
        <a id="desc"></a><h2>公司简介</h2>
        <!-- （省略部分文字） -->
        <p style="text-align: right;"><a href="#top">返回主菜单</a></p>
        <hr >
```

```
          <a id="service"></a><h2>产品与服务</h2>
          <!-- （省略部分文字） -->
          <p style="text-align: right;"><a href="#top">返回主菜单</a></p>
          <hr >
          <a id="market"></a><h2>市场分析</h2>
          <!-- （省略部分文字） -->
          <p style="text-align: right;"><a href="#top">返回主菜单</a></p>
          <hr >
          <a id="markplan"></a><h2>营销计划</h2>
          <!-- （省略部分文字） -->
          <p style="text-align: right;"><a href="#top">返回主菜单</a></p>
      </div>
  </body>
```

任务 5-2   一级导航菜单的设计开发

【任务提出】

微课 5-2

一级导航菜单的
设计开发（1）

　　小王学习了超链接的基本用法以后，要开始设置导航栏了。李老师说过，网页中的导航栏对于用户体验来说是至关重要的，尤其是顶部导航栏和左侧导航栏，因为大多数用户都有从左到右、从上到下浏览的习惯。当我们进入一个新的网站，通常最先看到的就是顶部导航或者左侧导航。所以导航栏及其内部超链接的样式设计是网站开发者需要重点关注的地方。本任务以网上商城首页的顶部导航和左侧导航为例，完成页面导航设计。

【学习目标】

📖　**知识点**
- 掌握伪类的用法。
- 掌握伪类在超链接中的应用。
- 掌握超链接标记的 display 属性。

📖　**技能点**
- 能够熟练设置超链接不同状态的样式。
- 能够根据需要灵活设置行内超链接或者块级超链接。
- 能够熟练制作水平导航菜单和垂直导航菜单。

📖　**素养点**
- 培养精益求精的工匠精神。
- 提高审美情趣。

【相关知识】

　　页面导航主要分为水平导航和垂直导航两大类，导航既要功能实用，又要效果美观，特别是导航菜单往往需要制作触发以后的动态效果。

一、网站导航的样式及设计方法

进入一个网站后，我们会看到一行或者一列放有不同栏目的导航，它是网站必不可少的元素。从用户的角度来看，通过导航可以寻找想要的产品或信息；从搜索引擎的角度来看，首要抓取的内容也是导航。

1. 水平导航菜单

导航菜单有多种样式分类，其中水平导航菜单是最常见的样式，导航的一级菜单按照水平的排版方式全部排出来，二级菜单隐藏在内，起到聚合网站功能的作用，并且引导用户不在网页中迷失，也会让网页信息层级关系更明显。图 5-8 所示为典型的顶部水平导航。

图 5-8　顶部水平导航菜单示例

绝大多数网站使用这样的水平导航菜单，在鼠标指针移入时会展开二级菜单。在设计时，通常要考虑 logo 与其他组件的位置关系，大多采用左侧放 logo，中间放导航，右侧放搜索框的形式，如果导航比较多，则也可采用左侧放 logo，右侧放搜索，下方放导航的形式，如图 5-9 所示。

还有一些网站主导航选择将 logo 居中，将导航菜单放置在 logo 的左右两侧。此类设计中通常 logo 为近似圆形，或者为对称结构，两侧的导航数目也对称，这样放置后才会美观平衡。此类排版在美食行业、幼儿行业、医疗行业、建筑行业等网站比较多见，如图 5-10 所示。

图 5-9　logo 和其他组件的位置关系示意图　　图 5-10　logo 居中的导航条示意图

2. 垂直导航菜单

垂直导航菜单一般在侧边，左侧居多，子菜单内嵌在主导航内部，纵向分布，鼠标指针移入会展开。

此类导航设计常用于子导航内容较多的电商平台、行业网站等内容量较大的网页设计中，如图 5-11 所示的网上商城。

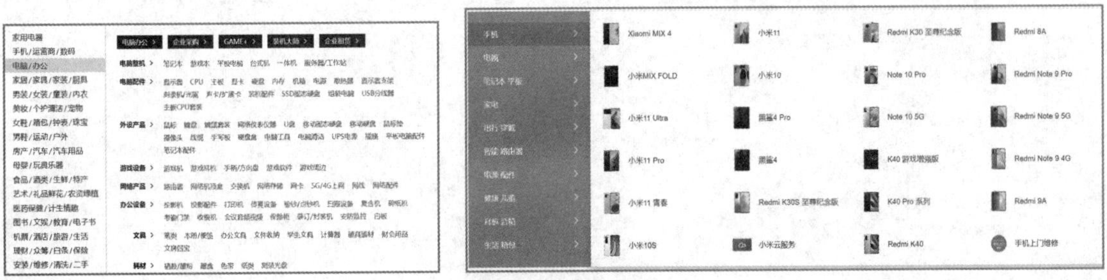

图 5-11　左侧垂直导航菜单

此类导航一级菜单设计起来比较简单，以纯文字或图标+文字为主；二级子导航的设计稍微有些复杂，如子导航是内部展开还是侧边展开，是否添加滑动效果等。在后续的任务中，我们会继续学习二级导航的制作方法，本任务主要实现一级菜单的设计制作。

二、伪类控制超链接外观

默认的超链接外观比较呆板，不符合我们多样化的审美要求，可以使用伪类选择器美化超链接。

1. 伪类的定义

无论哪种导航菜单，超链接都是必不可少的，超链接是网页中通过鼠标指针交互实现的跳转操作。为了提高用户体验，同时使导航更加醒目活泼，经常需要为超链接的不同状态指定不同的样式效果，使超链接在单击前、鼠标指针悬停时和单击后的样式不同，这就需要为同一个<a>标记的不同状态分别定义样式。很显然，使用前面学过的类选择器无法实现这个效果，但可以使用 CSS 中定义的伪类选择器实现。

顾名思义，伪类并不是真正意义上的类，它的名称是由系统定义的，不能由用户随意指定。伪类名通常由标记名、类名或 id 名加 "：" 构成。常见的伪类如表 5-1 所示。

表 5-1　常见的伪类

属性	描述
:active	向被激活的元素添加样式
:hover	当鼠标指针悬浮在元素上方时，向元素添加样式
:link	向未被访问的链接添加样式
:visited	向已被访问的链接添加样式
:first-child	向元素的第一个子元素添加样式
:last-child	向元素的最后一个子元素添加样式
:focus	向拥有键盘输入焦点的元素添加样式

下面举例说明伪类的用法，例如，用:first-child 伪类来选择元素的第一个子元素。

【例 5-2】应用:first-child 伪类选择器。

向 HTML 文档中写入如下代码。

```
<!DOCTYPE html>
<html>
    <head>
        <meta charset="utf-8">
        <title>伪类</title>
        <style type="text/css">
            p:first-child {  color: red;  }
        </style>
    </head>
    <body>
        <p>段落 1</p>
        <p>段落 2</p>
```

```
        </body>
    </html>
```

p:first-child 伪类选择器用于匹配作为任何元素的第一个子元素的 p 元素。最终页面中的"段落 1"显示为红色,"段落 2"则为黑色。

其余类似的伪类选择器还有.box:first-child 和.box:last-child,两者分别用来给某元素的第一个或者最后一个子元素添加样式,经常用于给表格或者列表的某一部分添加样式。

2. 伪类在超链接中的应用

在 CSS 中,经常使用:active、:hover、:link、:visited 这 4 种伪类指定不同的链接状态,具体如下。

- a:link{ CSS 样式规则; },指定未访问时超链接的状态。
- a:visited{ CSS 样式规则; },指定访问后超链接的状态。
- a:hover{ CSS 样式规则; },指定鼠标指针经过、悬停时超链接的状态。
- a:active{ CSS 样式规则; },指定激活超链接时的状态。

其中,:link 和:visited 只能应用于超链接,而:hover 和:active 对所有标记都适用。4 种伪类可以不同时使用,但同时使用时要按照以上顺序使用。

示例如下。

```
.menu:link{ color:#000;}
.menu:visited{ color:#f00;}
.menu:hover{ color:#ff0;}
.menu:active{ color:#0f0;}
```

这段代码的作用是某个应用了 menu 类的页面元素在正常状态时显示为黑色,当鼠标指针移动到元素上时变为黄色,在按下鼠标键的短暂时间显示为绿色,访问过后显示为红色。

【例 5-3】定义顶部导航菜单的 CSS 样式。

向页面中写入菜单元素并使用伪类,设置样式如下。

```
<!DOCTYPE html>
<html>
    <head>
        <meta charset="utf-8">
        <title>网上商城</title>
        <style type="text/css">
            *{padding: 0; margin: 0;}
            nav{height: 30px; background: #000; line-height: 30px; }
             /*<nav>是HTML5新定义的语义化标记,用来定义导航*/
            nav a:link,nav a:visited{    /*未访问和访问后*/
                color:#eee;
                text-decoration:none;    /*清除超链接默认的下划线*/
                margin-right:20px;
            }
            nav a:hover{        /*鼠标指针悬停*/
                color:#ff0;
                text-decoration:underline;  /*鼠标指针悬停时出现下划线*/
            }
            nav a:active{ color:#F00;}      /*按住鼠标键*/
        </style>
    </head>
    <body>
```

```
            <nav>
                <a href="#">商城首页</a><a href="#">新品发布</a><a href="#">社区</a><a
href="#">下载APP</a>
            </nav>
        </body>
    </html>
```

本例设置超链接文本在未访问和访问后为灰色，都没有下划线，鼠标指针悬停时变为黄色，出现下划线。页面效果如图 5-12 所示。

通常设置导航菜单时，只需要设置鼠标指针悬停时的动态效果即可，各个状态共同的样式属性可以统一写到<a>标记中，伪类只需设置该状态不同于未单击时的样式，所以样式可以改写为如下形式。

图 5-12　使用伪类后的超链接

```
<style type="text/css">
    *{padding: 0; margin: 0;}
    nav{height: 30px; background: #000; line-height: 30px; }
    nav a{
        color:#eee;
        text-decoration:none;
        margin-right:20px;
        }
    nav a:hover{
        color:#ff0;
        text-decoration:underline;
        }
</style>
```

a:active 激活超链接时的状态非常短暂，这里就不单独设置了。

在实际开发中，:hover 伪类除了应用于超链接，还可以应用于一些可单击的列表、表格行、卡片等，只要鼠标指针放上去，背景颜色就会发生变化。:active 经常用于单击按钮、图片的场景，以及一些可单击元素或者组件的按下操作的样式改变的场景。

三、按钮式导航菜单的制作

微课 5-3

一级导航菜单的
设计开发（2）

从例 5-3 的运行结果可以看出，鼠标指针悬停或者单击时超链接的热点区域都仅限于文字部分，这是因为<a>标记是行内标记，所以热点区域的大小由行内文字或者图片决定。有时，设计者为了美观，会将导航菜单制作成统一宽度、鼠标触发呈按钮式响应的按钮或导航菜单效果。图 5-13 所示的百度新闻页面主菜单就是典型的按钮式导航菜单效果。

图 5-13　百度新闻页面的按钮式水平导航菜单

与例 5-3 相比，按钮式超链接的主要差异在于热点区域不同，热点不仅仅限于文字，还包括块状区域。可以将行内元素<a>转换为块级元素，并设置合适的大小，得到随鼠标响应的"按钮"。

行内元素转换为块级元素的方法如下。

```
a{display:block|inline-block;}
```

【例 5-4】制作按钮式水平导航菜单。

向文档中写入以下代码。

```
<!DOCTYPE html>
<html>
    <head>
        <meta charset="utf-8">
        <title></title>
        <style type="text/css">
            *{padding: 0; margin: 0; font-size: 14px;}
            nav{height: 30px; background: #000;}
            .main{width: 88%; margin: 0 auto; height: 100%;}
            nav a{
                display: inline-block;
                font-family: "黑体";
                color:#fff;
                text-decoration:none;
                width: 60px;
                height: 100%;
                text-align: center;
                line-height: 30px;
                }
            nav a:hover{
                background: #a00;
                }
        </style>
    </head>
    <body>
        <nav>
            <div class="main">   <!-- 版心 -->
                <a href="#">首页</a><a href="#">国内</a><a href="#">国际</a><a
href="#">财经</a><a href="#">娱乐</a><a href="#">体育</a><a href="#">互联网</a>
            </div>
        </nav>
    </body>
</html>
```

本例使用版心规定了主菜单在页面中的位置，同时将<a>标记转换为 inline-block 元素，每个菜单项都具有 60px 的宽度，单行文本在盒子中垂直居中，看起来整齐美观。本例还通过伪类:hover 规定了鼠标指针悬停时响应区背景色变为红色。页面效果如图 5-14 所示。

如果网页设计成垂直导航菜单，那又该如何制作呢？其实只要将<a>标记改成纵向排列就可以了。

图 5-14　按钮式水平导航菜单

【例 5-5】制作按钮式垂直导航菜单。

在例 5-4 的基础上，在 CSS 中调整菜单栏容器的大小和位置，将行内元素<a>转换为块级元素。

```
<style type="text/css">
            *{padding: 0; margin: 0; font-size: 14px;}
            nav{width: 150px; background: #555;}
            nav a{
                display: block;
                font-family: "黑体";
                color:#fff;
                text-decoration:none;
                height: 100%;
                text-align: center;
                line-height: 30px;
                }
            nav a:hover{
                background: #a00;
                }
</style>
```

页面效果如图 5-15 所示。

其他的细节，如分割线、图标等，可以继续添加并完善。利用相同的思路，还可以对导航菜单做出其他各种各样的动态效果，如鼠标指针移入时文字放大、动态阴影、跳跃式文字等，读者可以发挥想象力，尝试做出更多的效果。

图 5-15　按钮式垂直导航菜单

【项目实践】

1. 完成水平和垂直按钮式导航菜单

请完成图 5-16 所示的水平和垂直按钮式导航菜单。

图 5-16　项目实践 1 页面效果

制作要求如下。

在每个菜单项左侧添加深蓝色色条（#008）进行修饰，文字右对齐，与右边界留有一定间距。

导航菜单没有下划线，未触发时文字为白色，鼠标指针移入时，菜单文字与左侧色条同时变成黄色（#FF0）。

制作思路如下。

（1）向页面写入超链接元素。

```
<body>
    <nav>
        <a href="#">Home</a><a href="#">Contact Us</a><a href="#">Web Dev</a><a
href="#">Web Design</a><a href="#">Map</a>
    </nav>
</body>
```

（2）在 CSS 中添加样式，制作水平导航菜单。

```
nav a{
        display: inline-block;
        width: 100px;
        height: 30px;
        text-align: right;
        line-height: 30px;
        padding-right: 6px;
        color: #fff;
        font-family:"microsoft yahei";
        font-size: 14px;
        background: #0000FF;
        border-left:12px solid #000088;
        text-decoration: none;
        }
nav a:hover{
        color: #ff0;
        border-left-color: #ff0;
        }
```

排列超链接元素的顺序，并添加分割线。

```
nav a{
        display: block;
        width: 120px;
        height: 30px;
        text-align: right;
        line-height: 30px;
        padding-right: 6px;
        color: #fff;
        font-family:"microsoft yahei";
        font-size: 14px;
        background: #0000FF;
        border-left:12px solid #000088;
        text-decoration: none;
        border-bottom: 1px solid #eee;
        }
```

使用 display 属性可以很方便地改变菜单的横向和纵向排列方式。

2. 完成网上商城首页的顶端导航和主导航部分

请完成网上商城首页的顶端导航和主导航部分，如图 5-17 所示。

微课 5-4

顶端导航

图 5-17 项目实践 2 页面效果

各部分导航样式要求如下。

① 顶端导航：导航条背景为深灰色（#333），文字默认为浅灰色（#aaa），鼠标指针悬停时文字为白色。

② 主导航：文字默认为黑色，鼠标指针悬停时呈红色（#f00）。

③ 购物车菜单：按钮式超链接，鼠标指针悬停时按钮背景为浅灰色（#aaa）。

制作思路如下。

顶端导航经常被做成固定导航，即固定在页面窗口的顶端，滚动页面时不影响其位置，通常菜单项比较多，文字也比较小。本项目中的导航项目分为3组，分别是菜单项、登录注册、购物车。所以在制作时，可以预先使用横向排列的盒子确定各自的位置。具体制作方法有多种。

方法1：在顶端导航盒子内使用网格布局进行分组。

（1）向已经完成的页面布局中添加3组导航项目。

```
<div class="nav_top">
    <div class="nav_top_inner main">
        <div class="nav_top_menu">
        <!--第一组菜单项-->
        </div>
        <div class="nav_top_menu">
        <!--登录注册菜单-->
        </div>
        <div class="nav_top_menu">
        <!--购物车菜单-->
        </div>
    </div>
</div>
```

（2）向CSS中添加样式。

```
.main{
    width: 90%;
    margin: 0 auto;
    }
.nav_top{
    width: 100%;
    background:#333;
    height: 30px;
    }
.nav_top .nav_top_inner{
    height: 100%;
    display: grid; /* 网格布局容器 */
    grid-template-columns:70% 18% 12% ;
    }
.nav_top .nav_top_inner>*{
    border: 1px solid red;
    }
```

这样就大致划分好了3组菜单项目的位置，如图5-18所示。然后在各自的盒子中添加<a>标记即可。

方法2：在顶端导航盒子内使用浮动进行分组。

添加的元素同方法1。

图 5-18　水平导航菜单大致位置划分

在 CSS 中添加样式。

```
.main{
    width: 90%;
    margin: 0 auto;
}
.nav_top{
    width: 100%;
    background:#333;
    height: 30px;
}
.nav_top .nav_top_inner{
    height: 100%;
}
.nav_top .nav_top_inner>*{
    float: left;/*浮动*/
    height: 100%;
}
.nav_top_menu:nth-child(1){
    width: 70%;
    background: #00AA00;
}
.nav_top_menu:nth-child(2){
    width: 18%;
    background: #00FFFF;
}
.nav_top_menu:nth-child(3){
    width: 12%;
    background: #AA0000;
}
/* 颜色主要起标识盒子的作用,后续删除 */
```

以上两种方法读者可以根据自己的书写习惯选择使用,完成后继续向页面添加<a>标记调整样式即可。

任务 5-3　二级弹出式菜单的定位

【任务提出】

小王完成一级导航菜单以后,想在网站首页顶端导航及左侧导航中继续添加二级弹出式菜单,如图 5-19 所示，实现鼠标指针在主导航上悬停，二级菜单弹出，鼠标指针移走，二级菜单隐藏的效果。可是二级菜单的位置往往由一级菜单决定，二级菜单弹出后会覆盖网页中原有的内容，而之前学过的普通流中的元素位置受前后元素位置的影响，是不能随便移动的。浮动元素可以向左或向右移动，但是最多只能移到它的外边缘碰到包含框或另一个浮动框的边框，也不能满足要求。那么，如何定位二级菜单呢？本任务我们和小王一起学习制作二级弹出式菜单的方法。

图 5-19　二级弹出式菜单

【学习目标】

　　📖　**知识点**
- 理解元素的定位。
- 掌握固定定位、绝对定位、相对定位的用法。

　　📖　**技能点**
- 能够根据页面元素的位置决定使用哪种定位方式。
- 能够熟练应用固定定位、绝对定位和相对定位。

　　📖　**素养点**
- 培养精益求精的工匠精神。

【相关知识】

　　二级菜单是脱离文档流的，其位置依附于一级菜单，层级上要覆盖普通流中的元素，这样就需要对弹出式菜单的定位做特殊设置。

一、元素的定位

　　CSS 有 3 种基本的定位机制：普通流、浮动和绝对定位。若非专门指定，所有元素都在普通流中定位，也就是说，普通流中元素的位置由元素在 HTML 中的位置决定。页面中的块级元素从上到下依次排列，块之间的垂直距离由块级元素的垂直外边距 margin 决定。行内元素在一行中水平排列，可以使用水平内边距、边框和外边距调整它们的水平间距。普通流中的元素位置受前后元素位置影响，是不能随便移动的。

　　浮动元素不在文档的普通流中，可以向左或向右移动，但是只能移到它的外边缘碰到包含框或另一个浮动框的边框。

定位允许元素块相对于其正常应该出现的位置，或者相对于父元素、另一个元素甚至浏览器窗口本身的位置进行偏移。相对定位元素的位置相对于它在普通流中正常应该出现的位置进行移动，被看作普通流定位模型的一部分。绝对定位的元素会脱离普通流，它可以覆盖页面上的其他元素，同时它也可以通过设置 z-index 属性来控制元素块的叠放次序。

二、定位属性

元素的定位属性主要包括定位方法、边偏移和层叠等级。

1. 定位方法

在 CSS 中，position 属性用于定义元素的定位模式，其基本语法格式如下。

```
选择器{ position:属性值; }
```

在上面的语法中，position 属性的常用值有 4 个，分别表示不同的定位模式，具体如下。

- static：自动定位（默认定位方式）。
- relative：相对定位，相对于元素原文档流的位置进行定位。
- absolute：绝对定位，相对于元素上一个已经定位的父元素进行定位。
- fixed：固定定位，相对于浏览器窗口进行定位。

除了默认的 static 定位方式，其他 3 种定位最主要的区别是参照物不同，在实际应用中要先分析出某个元素的位置是以谁为参照物的，再决定用哪种定位方式。

2. 边偏移

找准参照物后，通过边偏移属性 top、bottom、left 或 right，来精确定义定位元素相对于参照物的位置，其取值为不同单位的数值或百分比值，具体解释如下。

- top：顶端偏移量，定义元素相对于其父元素上边线的距离。
- bottom：底部偏移量，定义元素相对于其父元素下边线的距离。
- left：左侧偏移量，定义元素相对于其父元素左边线的距离。
- right：右侧偏移量，定义元素相对于其父元素右边线的距离。

边偏移量的值可以为负数，取值为负数时表示向反方向偏移。

3. 层叠等级

当对多个元素同时设置定位时，各个元素都自成一层，定位元素之间就有可能会发生重叠，如图 5-20 所示。

在 CSS 中，要想调整重叠定位元素的堆叠顺序，可以对定位元素应用 z-index 层叠等级属性，其取值可为正整数、负整数和 0。z-index 的默认属性值是 0，取值越大，定位元素在层叠元素中的位置越偏上。

图 5-20　不同层级的盒子重叠

三、定位具体用法

定位有 4 种取值，分别是静态定位、相对定位、绝对定位和固定定位。

1. 静态定位

微课 5-6
二级弹出式菜单制作

静态定位就是各个元素在 HTML 文档流中保持默认的位置。静态定位是元素的默认定位方式，当 position 属性的取值为 static 时，可以将元素定位于静态位置。

任何元素在默认状态下都会以静态定位来确定自己的位置，所以当没有定义 position 属性时，并不说明该元素没有自己的位置，它会遵循默认值显示为静态位置。在静态定位状态下，无法通过边偏移属性（top、bottom、left 或 right）来改变元素的位置。

【例 5-6】制作静态定位的盒子。

向页面中写入 3 个默认定位的盒子。

```
<html>
    <head>
        <style type="text/css">
            #box{
                width: 300px;
                height: 300px;
                background: #aaa;
            }
            .child01,.child02,.child03{
                width:80px;
                height: 40px;
                border: 1px solid;
                background: #ff0;
            }
        </style>
    </head>
    <body>
        <div id="box">
            <div class="child01">child01</div>
            <div class="child02">child02</div>
            <div class="child03">child03</div>
        </div>
    </body>
</html>
```

页面效果如图 5-21 所示，3 个盒子按普通流上下依次排列。

2. 相对定位

相对定位是将元素参照它自身在标准文档流中的位置进行定位，当 position 属性的取值为 relative 时，可以将元素定位于相对位置。设置相对定位后，可以通过边偏移属性改变元素的位置，但是它在文档流中的位置仍然保留。

【例 5-7】制作相对定位的盒子。

对 child02 添加相对定位，并通过边偏移属性 left、top 来改变其位置。

```
            .child02{
                position: relative;
                left: 150px;
                top: 100px;
            }
```

运行完整代码后，得到图 5-22 所示的页面效果。对 child02 设置相对定位后，它相对于其自身的默认位置进行偏移，但是在文档流中原本的位置仍然保留。

注意，确定偏移位置时只能引用相邻的两条边，取值可以为绝对值或相对于父元素大小的百分比值，若没有设置，则默认 left 和 top 取值都为 0。

由于相对定位的元素本身并没有脱离普通流，所以浮动的盒子也可以使用相对定位。在例 5-7 的基础上设置 child01、child02、child03 这 3 个盒子浮动，child02 相对定位偏移后的位置如图 5-23 所示。

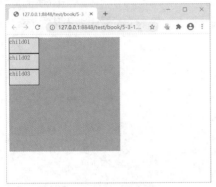

图 5-21　静态定位的盒子

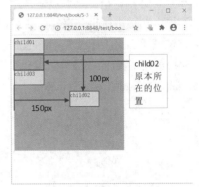

图 5-22　相对定位的盒子

3. 绝对定位

绝对定位是将元素参照最近的已经定位（绝对、固定或相对定位）的父元素进行定位。若所有父元素都没有定位，则参照 body 根元素（浏览器窗口）进行定位。当 position 属性的取值为 absolute 时，可以将元素的定位模式设置为绝对定位。

微课 5-7

绝对定位

【例 5-8】制作绝对定位的盒子。

对 child02 使用绝对定位，并进行边偏移。

```
.child02{
    position: absolute;
    left: 150px;
    top: 100px;
}
```

运行完整代码后，页面效果如图 5-24 所示。

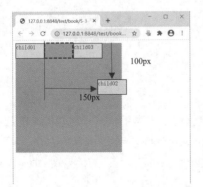

图 5-23　浮动盒子的相对定位

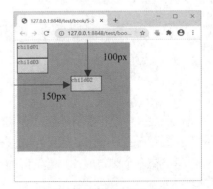

图 5-24　绝对定位的盒子

在图 5-24 中，元素 child02 被设置为绝对定位，由于其父级盒子没有定位，所以 child02 参照浏览器窗口进行定位。并且，child02 脱离了标准文档流的控制，不再占据标准文档流中的空间，child03 占据了 child02 之前的位置。

绝对定位的元素不论本身是什么类型，哪怕是行内元素，定位后都将成为一个新的块级盒子，如果未设置其大小，则默认为自适应所包含内容的区域。

绝对定位经常用于二级弹出式菜单。例如，当用户将鼠标指针放置在某个热点上时，在紧贴着该热点的左方、下方、右方、上方会弹出一个菜单或者一个内容层，用户可以将鼠标指针移至该菜单或者内容层上对其进行相关操作，也可以将鼠标指针移开热点，隐藏菜单或者内容层，这就是典型的绝对定位关于二级弹出式菜单的应用。

【例 5-9】制作简单的二级导航菜单。

在 HTML 中写入如下页面元素。

```html
<nav>
    <div class="menu">
        <a href="#">一级菜单</a>
        <div class="sec">二级菜单内容</div>
    </div>
</nav>
```

页面中的容器 menu 为一个菜单项，里面包含了一级菜单 a 元素和二级菜单 sec 元素。

在 CSS 中设置二级菜单 sec 为绝对定位，相对于已经定位的父级元素 menu 进行位置偏移，为了不影响 menu 在页面中的占位，最好将父级元素 menu 设置为相对定位。主要样式设置如下。

```css
nav{  background: #eee;  }
.menu{
    position: relative;
    width: 120px;
    height: 40px;
    float: left;
    border: 1px solid;
}
.menu>a{
    display:inline-block;
    height: 40px;
}
.sec{
    width: 120px;
    height: 80px;
    background: #ff0;
    position: absolute;
    top: 40px;
    display: none;
}
.menu:hover .sec{     display: block;}
```

运行完整代码后，将鼠标指针移至一级菜单上时会弹出二级菜单，一个比较简单的二级弹出式菜单就完成了，如图 5-25 所示。后续需要进一步添加样式美化菜单。

如果一级导航有多个菜单项，则继续添加 menu 即可。

```html
<nav>
    <div class="menu">
```

```
                    <a href="#">一级菜单</a>
                    <div class="sec">二级菜单内容</div>
            </div>
            <div class="menu">
                    <a href="#">一级菜单</a>
                    <div class="sec">二级菜单内容</div>
            </div>
            <div class="menu">
                    <a href="#">一级菜单</a>
                    <div class="sec">二级菜单内容</div>
            </div>
        </nav>
```

运行完整代码以后，页面效果如图 5-26 所示，出现多个菜单项。

图 5-25　简单二级弹出式菜单的效果

图 5-26　多个二级菜单项

　　绝对定位元素还有一个重要的应用就是设置元素在父级盒子中居中显示。绝对定位的偏移量除了可以是绝对长度，还可以是相对于已经定位的父级盒子的百分比值，设置绝对定位元素的相对偏移量为 50%，可以实现元素居中显示的效果，具体方法如下。

- 设置水平居中的绝对定位，left 为 50%；margin-left 为宽度值的一半的负数形式。
- 设置垂直居中的绝对定位，top 为 50%；margin-top 为高度值的一半的负数形式。

【例 5-10】使用绝对定位实现元素垂直、水平居中显示。

在容器盒子中写入一个 div 元素，并设置样式。

```
<html>
    <head>
        <style type="text/css">
            .b_box{
                width: 300px;
                height: 300px;
                border: 1px solid;
                margin: 0 auto;
                position: relative;
            }
            .s_box{
                width: 200px;
                height: 200px;
                background: red;
                position: absolute;
                left: 50%;
```

```
                        top: 50%;
                        margin-left: -100px;
                        margin-top: -100px;
                }
        </style>
    </head>
    <body>
        <div class="b_box">
                <div class="s_box"></div>
        </div>
    </body>
</html>
```

页面效果如图 5-27 所示，中间的小盒子通过绝对定位处于父级盒子中间。

4. 固定定位

固定定位是绝对定位的一种特殊形式，它以浏览器窗口作为参照物来定位网页元素。当 position 属性的取值为 fixed 时，可将元素的定位模式设置为固定定位。

当对元素设置固定定位后，它将脱离标准文档流的控制，并始终参照浏览器窗口来定义自己的显示位置，其与参照物的距离仍然通过边偏移属性 top、bottom、left 或 right 精确定义，取值可以为不同单位的数值或百分比值。

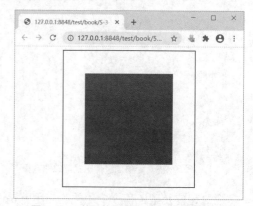

图 5-27　使用绝对定位实现水平垂直居中

不管浏览器滚动条如何滚动，也不管浏览器窗口的大小如何变化，固定定位的元素始终都会显示在浏览器窗口的固定位置，通常可以用于网页上不跟随页面滚动的广告栏、在线服务等区域。

【例 5-11】制作不跟随页面滚动的浮动服务窗，如图 5-28 所示的右侧实线框部分。

图 5-28　固定定位的服务窗

（1）在页面中写入该盒子的内容。

```
<body>
    ...
```

```
        <div class="serv">
            浮动服务窗内容
        </div>
</body>
```

由于该盒子脱离普通文档流，所以写在任何位置都可以，为清晰起见，一般把它并列写在其他容器盒子的后面。

（2）用 CSS 写入样式，部分代码如下。

```
.serv{
    width: 80px;
    height: 300px;
    background: #888;
    position: fixed;
    right: 5%;
    bottom: 10%;
}
```

设置其 fixed 定位，元素距离浏览器下方和右侧有固定的距离。

运行完整代码，将得到类似于图 5-28 所示右侧的浮动服务窗效果。

【项目实践】

1. 添加左侧导航栏

在之前已完成的网上商城项目的基础上继续添加左侧导航栏，如图 5-29 所示，其位置始终在主体广告区的上方，背景色有一定的透明度。

图 5-29　在主体广告区上方添加左侧导航栏

提示　绝对定位常用于页面元素重叠的情况。如果元素 A 覆盖在普通流上层，则可以考虑将该元素设置为绝对定位，以标准流中的某元素 B 为参照物进行偏移，同时设置 z-index 来改变两个元素的上下层级关系。

制作步骤参考如下。

（1）在 body 中添加左侧导航栏。

```
<body>
        <div class="nav_top"></div>
        <div class="header main">头</div>
        <div class="banner main">
            <div class="banner_l">左侧导航</div>
```

```
                    <div class="banner_r"><img src="img01/banner.jpg" ></div>
          </div>
...
</body>
```

（2）在 CSS 中对 banner_l 设置绝对定位，因为以父级盒子 banner 为参照物，所以父级盒子也需要定位，将 banner 设成相对定位。父子两个盒子在左上角对齐，left 和 top 方向的偏移量均为 0。

```
          .banner{
              height:auto;
              position:relative;
          }
          .banner_l{
              width: 25%;
              height: 100%;
              background-color: rgba(180,180,180,0.6);
              position:absolute;
              left: 0;
              top: 0;
          }
```

在以上样式中，左侧导航栏的盒子背景设置了 background-color:rgba(180,180,180,0.6);，该样式可以在设置颜色的同时设置透明度，也就是第四个参数，取值范围是 0~1。

2．制作下拉菜单

制作网上商城首页顶端导航条最右侧的"购物车"下拉菜单。

要求：当鼠标指针移入导航块时，二级菜单盒子出现；二级菜单的位置由一级菜单决定，效果如图 5-30 所示。

微课 5-8

二级弹出式菜单

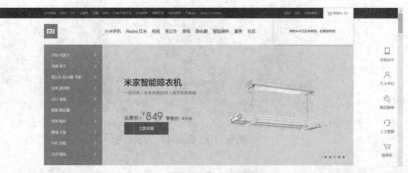

图 5-30 "购物车"下拉菜单效果

> **提示** 如果页面中元素 A 的位置由另外一个元素 B 的位置决定，那么在 HTML 代码中往往要将 A 设置为 B 的子元素，并且将 A 设置为绝对定位，父元素 B 也要设置定位，没有特殊要求可以设置为相对定位，因为相对定位仍然会占据父元素 B 在文档流中原有的位置。

制作步骤可参照如下。

（1）在顶部菜单栏中添加购物车的二级菜单容器盒子。

```
<div id="shopcar">
    <a  href="#"><img src="img01/shopcar2.png" width=12> 购物车(0)</a>
```

```
    <div>您的购物车还是空的</div>
</div>
```

> **注意** 在上面的代码中，在"购物车"前面插入了一个小图标使页面更加生动形象，在实际开发中可以直接使用各种开源图标库里的图标，感兴趣的读者可以自学相关图标库的用法，在此不做展开介绍。

（2）添加 CSS 样式。

```
/*设置父级容器盒子的样式*/
#shopcar{
                background: #444;
                width: 90px;
                text-align: center;
                position: relative;
}
/*二级菜单样式*/
#shopcar div{
                font-size: 12px;
                width: 160px;
                height: 40px;
                background: #eee;
                position: absolute;
                top:30px;
                left: -70px;
                box-shadow:1px 1px 1px 1px rgba(120,120,120,0.3); /*给二级菜单容器盒
子设置半透明阴影*/
                display: none; /*默认隐藏*/
                }
```

继续设置鼠标指针移入时的样式效果。

```
#shopcar a:hover+div{
                display: block;
                }
```

或者可以设置为以下形式。

```
#shopcar:hover div{
                display: block;
                }
```

读者思考一下，这两种写法都可以实现下拉菜单的效果，它们有什么区别呢？

3. 制作固定导航条

完成固定在网上商城首页顶端的固定导航条，效果如图 5-31 所示。

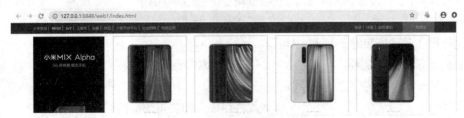

图 5-31　顶端固定导航条效果

> **提示** 固定导航条固定在顶部不动，不管网页有多长，滚动条移动到哪里，其都会固定在浏览器的顶端位置，它的位置和浏览器相关，所以可以使用固定定位。

对.nav_top 添加如下样式。

```css
.nav_top{
    height: 30px;
    width:100%;
    background: #333333;
    position: fixed;
    top:0;
    z-index: 99;
}
```

页面效果如图 5-32 所示。

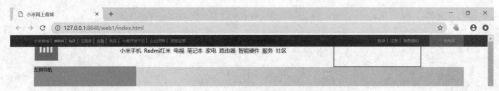

图 5-32　添加了固定定位以后的页面效果

我们发现下面的盒子被顶端导航条覆盖掉一部分，无法完整显示。这是因为将顶端导航条设置为固定定位时，它会脱离文档流，导致下面的盒子从页面顶端开始排列，被顶端导航条覆盖一部分。

可以调整下面盒子的 margin-top 值或者 padding-top 值，以在页面顶端留出导航条的空白位置。还可以根据需要改变 z-index 的值，从而调整盒子的层叠关系。

【小结】

本项目学习了网页中超链接<a>标记的用法及其属性，并且学习了伪类在超链接的应用以及<a>标记的 display 属性对导航菜单排列方式的影响。在此基础上能够熟练制作出网页上常见的水平导航菜单和垂直导航菜单，并与前面学过的各类样式属性结合得到不同的动态导航效果。除此之外，我们还学习了基于定位布局的二级弹出式菜单的制作方法。

【习题】

一、填空题

1. 在 CSS 中，可以设置元素固定定位的样式属性及其取值是_____，可以设置元素绝对定位的是_____，可以设置元素相对定位的是_____。

2. 制作电子邮件链接的 HTML 语句是_____。

3. 行内元素<a>可以通过_____变为块级元素。

4. 用于同一个网页内容之间相互跳转的超链接是_____。

5. 使用_____样式属性可以去掉文本超链接的下划线。

二、选择题

1. 以下哪个不是标记<a>的常用属性？（　　）

A. target　　　　B. href　　　C. margin　　　D. id

2. A 文件夹与 B 文件夹是同级文件夹，其中 A 中有 a.htm 文件，B 中有 b.htm 文件，现在我们希望在 a.htm 文件中创建超链接，链接到 b.htm，那么应该在 a.htm 页面代码中如何描述链接内容？（　　）

A. b.htm

B. ./././B/b.htm

C. ../B/b.htm

D. ../../b.htm

3. 若要在页面中创建一个图形超链接，显示的图形为 myhome.jpg，所链接的地址为 http://www.sict.edu.cn，则以下用法中，正确的是（　　）。

A. <a href="http://www.sict.edu.cn">myhome.jpg</a>

B. <a href="http://www.sict.edu.cn"><img src="myhome.jpg"></a>

C. <img src="myhome.jpg"><a href="www.sict.edu.cn"></a>

D. <a href=http://www.sict.edu.cn><img src="myhome.jpg">

4. 如何在新窗口中打开链接？（　　）

A. <a href="#" new>

B. <a href="#" target="_blank">

C. <a href="#" target="_self"></a>

D. <a href="#" target="_blank"></a>

5. <a href="#sict">信息学院</a>的作用是（　　）。

A. 链接到信息学院网页上

B. 链接到本文件中的 sict 处

C. 超链接暂时不被运行

D. 链接到#sict 网页上

6. 下列的 HTML 代码中，哪个可以产生超链接？（　　）

A. <a url="https://www.ptpress.com.cn/">人民邮电出版社</a>

B. <a>https://www.ptpress.com.cn/</a>

C. <a href="https://www.ptpress.com.cn/">人民邮电出版社</a>

D. <a>www.ptpress.com.cn/</a>

7. 下列哪一项表示超链接已访问过的伪类？（　　）

A. a:hover　　　　B. a:link　　　C. a:visited　　　D. a:span

8. 当链接指向下列哪一种文件时，不打开该文件，而是提供给浏览器下载？（　　）

A. ZIP　　　　　B. HTML　　　C. ASP　　　　D. CGI

9. 下面关于定义超链接的说法中，错误的是（　　）。

A. 可以给文字定义超链接

B. 可以给图形定义超链接

C. 只能使用默认的超链接颜色，不可更改

D. 链接、已访问过的链接、当前访问的链接可设为不同的颜色

10. 样式代码 a{color:#f00;text-decoration:underline;}的作用是（　　　）。

A. 设置页面中所有超链接的所有状态下的文本为红色且带下划线

B. 设置页面中所有超链接的鼠标指针悬停时的文本为红色且带下划线

C. 设置页面中所有超链接访问过时文本为红色且带下划线

D. 设置页面中所有超链接初始状态文本为红色且带下划线

三、判断题

1. 绝对定位是以这个元素的已定位的父元素为参照物偏移的。(　　　)

2. 绝对定位是以这个元素的父元素为参照物偏移的。(　　　)

3. 相对定位的元素会脱离文档流，不再占据位置。(　　　)

4. 绝对定位的元素会脱离文档流，不再占据位置。(　　　)

5. 相对定位以这个元素本来应该在的位置为参照点。(　　　)

6. 相对定位和绝对定位都是以父元素为参照物的。(　　　)

四、思考题

1. 我们在一些网站中经常会遇到单击下载的链接，如何操作才能确保链接的目标文件是下载而不是在浏览器中直接打开？

2. 打开一个学校网站的首页，观察并说明在哪些地方用到了超链接。

3. 如何才能快速将水平导航菜单转换成垂直导航菜单？

4. 制作导航菜单时，响应区域仅仅是菜单文字，如果希望制作按钮式的导航菜单，需要怎么设置样式？

项目6
网页中列表的应用

【情境导入】

小王的网上商城网站项目逐步推进，首页内容越来越丰富了。李老师告诉小王，如果页面信息比较多，仅仅使用前面学过的标记，那么代码的可读性不强，HTML 为我们提供了列表标记，可以在大量数据分类呈现时使用，如新闻版块或者复杂的导航菜单等。小王马上开始了列表的学习。

任务 6-1 认识列表

【任务提出】

微课 6-1

列表

小王仔细分析了淘宝、京东等网上商城的官网，发现它们和自己开发的网上商城网站首页一样，都包含大量的导航菜单，如图 6-1 所示，如果全部使用<a>标记，可读性确实不强。为了便于用户阅读，我们经常需要将大量的网页信息以列表的形式分类呈现，列表是一种非常有效的数据排列方式。

手机通讯 >	手机 游戏手机 5G手机 拍照手机 全面屏手机 老人机 对讲机 以旧换新 手机维修
运营商 >	合约机 手机卡 宽带 充话费/流量 中国电信 中国移动 中国联通 京东通信 挑靓号
手机配件 >	手机壳 贴膜 手机存储卡 数据线 充电器 手机耳机 创意配件 手机饰品 手机电池 苹果周边 移动电源 蓝牙耳机 手机支架 拍照配件

图 6-1 京东商城首页列表

同样，百度新闻等页面也使用了列表，通过不同的列表样式来突出某些新闻的重要性和实效性。本任务我们和小王一起学习如何在网页中应用列表。

【学习目标】

📖 **知识点**
- 掌握无序列表、有序列表、定义列表的用法。
- 掌握列表样式的设置。

📖 **技能点**

- 能够使用列表展示数据。
- 能够使用列表进行图文混排。
- 能够使用列表制作导航菜单。

📖 **素养点**

- 注重爱国主义教育和传统文化教育。

【相关知识】

列表主要用于展示条目类型的数据，其核心目的是展示同类信息，方便用户快速浏览内容和筛选自己所需的内容，即快速浏览和快速区分。由列表及其样式属性衍生出来的展示信息的形式也千变万化。

一、列表的分类

HTML 提供了 3 种常用的列表，分别为无序列表、有序列表和定义列表。

1. 无序列表

无序列表是网页中最常用的列表，之所以称其为"无序列表"，是因为其各个列表项之间没有顺序级别之分，通常是并列的。

定义无序列表的基本语法格式如下。

```
<ul>
    <li>列表项 1</li>
    <li>列表项 2</li>
    <li>列表项 3</li>
...
</ul>
```

在上面的语法中，<ul></ul>标记用于定义无序列表，<li></li>标记嵌套在<ul></ul>标记之间，用于描述具体的列表项，每对<ul></ul>之间至少应包含一对<li></li>。

<ul>和<li>都拥有 type 属性，用于指定列表项目符号。在无序列表中，type 属性的常用值有 3 个，它们呈现的效果如下。

① disc（默认样式）：显示"●"。

② circle：显示"○"。

③ square：显示"■"。

示例如下。

```
<h2>五岳</h2>
<ul type='circle'>        <!--对 ul 应用 type='circle'-->
    <li>中岳嵩山</li>
    <li>东岳泰山</li>
    <li type="square">西岳华山</li>   <!--对 li 应用 type='square'-->
    <li>南岳衡山</li>
    <li>北岳恒山</li>
</ul>
<h2>中国文化遗产</h2>
<ul>              <!--不定义 type 属性-->
```

```
            <li>北京故宫</li>
                <li>山东泰山</li>
                <li>…</li>
            </ul>
```

运行完整的案例代码，效果如图 6-2 所示。

图 6-2　无序列表

在实际应用中，通常不使用无序列表的 type 属性，一般通过 CSS 样式属性替代。

2. 有序列表

有序列表即为有排列顺序的列表，其各个列表项按照一定的顺序排列。

定义有序列表的基本语法格式如下。

```
<ol>
    <li>列表项 1</li>
    <li>列表项 2</li>
    <li>列表项 3</li>
…
</ol>
```

在上面的语法中，<ol></ol>标记用于定义有序列表，<li></li>为具体的列表项，和无序列表类似，每对<ol></ol>之间也至少应包含一对<li></li>。

有序列表<ol>和<li>的 type 属性取值如下。

① 1（默认属性值）：项目符号显示为数字 1、2、3…

② a 或 A：项目符号显示为英文字母 a、b、c、d…或 A、B、C…

③ i 或 I：项目符号显示为罗马数字 i、ii、iii…或 I、II、III…

示例如下。

```
<h2>图书销量排行榜</h2>
<ol>
    <li type="1"  value="1">城南旧事</li>      <!--阿拉伯数字排序-->
    <li type="a">百年孤独</li>            <!--英文字母排序-->
    <li type="I">呼兰河传</li>              <!--罗马数字排序-->
</ol>
```

运行完整的案例代码，效果如图 6-3 所示。

图 6-3　有序列表

3. 定义列表

定义列表常用于对术语或名词进行解释和描述，与无序和有序列表不同，定义列表的列表项前没有任何项目符号。

定义列表的基本语法格式如下。

```
<dl>
    <dt>名词 1</dt>
    <dd>名词 1 解释 1</dd>
    <dd>名词 1 解释 2</dd>
    ...
    <dt>名词 2</dt>
    <dd>名词 2 解释 1</dd>
    <dd>名词 2 解释 2</dd>
    ...
</dl>
```

在上面的语法中，<dl></dl>标记用于指定定义列表，<dt></dt>和<dd></dd>并列嵌套于<dl></dl>中。其中，<dt></dt>标记用于指定术语名词，<dd></dd>标记用于对名词进行解释和描述。一对<dt></dt>可以对应多对<dd></dd>，即可以对一个名词进行多项解释。

下面以一个案例说明定义列表的用法，具体代码如下。

```
<dl>
    <dt>华为技术有限公司</dt>                    <!--定义术语名词-->
    <dd>全球领先的信息与通信技术（ICT）解决方案供应商</dd>     <!--解释和描述名词-->
    <dd>2020 胡润中国 10 强消费电子企业</dd>
    <dd>构建万物互联的智能世界</dd>
</dl>
```

运行完整的案例代码，效果如图 6-4 所示。

图 6-4　定义列表

从图 6-4 可以看出，相对于<dt>和</dt>标记之间的术语或名词，<dd>和</dd>标记之间解释和描述性的内容会产生一定的缩进效果。

> **素养提示** 将祖国大好河山和优秀民族企业等作为案例引入专业学习，在大学生心中厚植爱国主义情怀。

二、CSS 控制列表样式

定义无序或有序列表时，可以通过标记的属性控制列表的项目符号，但是这种方式实现的效果并不理想，这时就需要用到 CSS 中的一系列列表样式属性，如表 6-1 所示。

表 6-1　列表的样式属性

列表样式属性	取值和描述
list-style-type:符号类型;	无序： disc 圆点、circle 圆圈、square 方块、none 无标记
	有序： decimal 数字（默认） none 无标记 lower-alpha/upper-alpha 英文字母 lower-roman/upper-roman 罗马数字 lower-greek 希腊字母 lower-latin/upper-latin 拉丁字母
list-style-image:url（图像 URL）;	用图像符号替换列表项符号 none 不使用图像（默认）
list-style-position:符号位置;	outside 符号位于文本左侧外部 inside 符号位于文本内部缩进
list-style:类型/url（图像 URL）位置;	顺序任意

1. list-style-type 样式属性

在 CSS 中，list-style-type 用于控制无序和有序列表的项目符号，其取值和显示效果如下。

（1）无序列表（ul）属性值

- disc：显示"●"。
- circle：显示"○"。
- square：显示"■"。

（2）有序列表（ol）属性值

- decimal：阿拉伯数字 1、2、3……
- upper-alpha：大写英文字母 A、B、C……
- lower-alpha：小写英文字母 a、b、c……
- upper-roman：大写罗马数字 I、II、III……
- lower-roman：小写罗马数字 i、ii、iii……

下面通过一个简单的案例来应用 list-style-type 属性。

【例 6-1】制作新闻列表。

向文档中写入以下代码。

```html
<!DOCTYPE html>
<html>
    <head>
        <meta charset="utf-8">
        <title>新闻速递</title>
        <style type="text/css">
            ol{ list-style:upper-roman;}
        </style>
    </head>
    <body>
        <h3>新闻速递</h3>
        <ol>
            <li>学校第五届秋季运动会闭幕</li>
            <li>打造智慧校园</li>
            <li>在更高的起点上推进高水平专业建设</li>
        </ol>
    </body>
</html>
```

运行完整的案例代码，效果如图 6-5 所示。

从图 6-5 可以看到，有序列表的每一条数据都使用了大写罗马数字编号。list-style-type 还可以单独应用于某一个 li 标记，只改变当前条目的编号格式。示例如下。

```html
<li style="list-style-type: square;">打造智慧校园</li>
```

运行结果如图 6-6 所示。

图 6-5　list-style-type 样式属性的效果

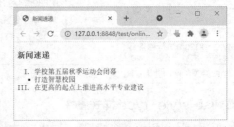

图 6-6　list-style-type 样式属性单独应用于 li 标记

这里需要注意的是，每个列表项的文字和编号的颜色是同步更改的，不能试图通过改变 li 的 color 样式属性来单独改变编号的颜色。

```html
<li style="list-style-type: square; color:red;">打造智慧校园</li>
```

运行结果如图 6-7 所示。

图 6-7　改变列表项的颜色

可以看出，li 的编号和文字颜色同步发生了更改。那么，如何单独改变编号的颜色呢？

对于一些简单的图标，可以不使用 CSS 提供的预置编号，将图标作为普通字符插入每一个列表项的内容之前。部分代码如下。

```
<ol>
    <li>学校第五届秋季运动会闭幕</li>
    <li><span>■</span>打造智慧校园</li>
    <li>在更高的起点上推进高水平专业建设</li>
</ol>
```

以上代码中，"■"作为特殊字符，用户可以直接复制到 HTML 中，并可以对其单独设置颜色。网络上我们还可以把找到的很多开源的 Web 图标库直接使用，如 font-awesome 等，在本学习任务中不再扩展讲述。

2. list-style-image 属性

list-style-image 属性可以为各个列表项设置预先准备好的项目图像，使列表的样式更加个性化。示例如下。

```
<style type="text/css">
    ol {  list-style-image:url(img/arrow.gif);  }
</style>
```

运行完整的案例代码，效果如图 6-8 所示。

用作项目图像的尺寸不宜过大，最好提前在图像处理软件中设置好合适的尺寸。

3. list-style-position 属性

list-style-position 属性用于控制列表项目符号的位置，其取值有 inside 和 outside 两种，解释如下。

图 6-8　使用 list-style-image 属性

- inside：列表项目符号位于列表文本以内。
- outside：列表项目符号位于列表文本以外（默认值）。

通过下面的案例，可以很清楚地看到二者的区别。

【例 6-2】对比 list-style-position 取不同值的效果。

向页面中写入两组列表。

```
<!DOCTYPE html>
<html>
    <head>
        <meta charset="utf-8">
        <title></title>
        <style type="text/css">
            ol li{border: 1px dashed; }
            ul li{border: 1px solid; list-style-position: inside;}
        </style>
    </head>
    <body>
            <h3>以下列表 list-style-position 属性值为 outside（默认值）</h3>
        <ol>
            <li>学校第五届秋季运动会闭幕</li>
            <li>打造智慧校园</li>
```

```
            <li>在更高的起点上推进高水平专业建设</li>
        </ol>
            <h3>以下列表 list-style-position 属性值为 inside</h3>
        <ul>
            <li>学校第五届秋季运动会闭幕</li>
            <li>打造智慧校园</li>
            <li>在更高的起点上推进高水平专业建设</li>
        </ul>
    </body>
</html>
```

页面效果如图 6-9 所示。

从图 6-9 可以看出，在默认情况下，list-style-position 的取值为 outside 时，列表项标记放置在文本以外，不占用 li 的宽度；而 list-style-position 的取值为 inside 时，列表项标记放置在文本以内，占用 li 的宽度。可以在 list-style-position 的取值为 outside 时，通过改变 li 的 padding-left 取值调整列表项内容和标号之间的距离。

图 6-9　list-style-position 属性的应用

三、列表的应用

由于列表展示形式整齐直观，因此在网页中应用比重比较大，尤其是列表特殊的嵌套结构，常应用于网页导航设计中。

1. 用列表展示数据

网页中的列表经常用于以条目的形式有序或无序地排列相关资料，也可用于展示用户从数据库中查询得到的结果，如图 6-10 所示的新闻列表等。

这一类应用比较简单，只要使用列表项将数据罗列即可，并且大多数数据在展示的同时也为用户提供跳转功能。页面元素添加方法如下。

图 6-10　新闻列表

```
    <article> <!--HTML5 的新增标记，也可以使用 div 等其他元素-->
        <h2>8 月新能源汽车产销创新高</h2>
        <hr>
        <ul>
            <li><a href="">海南自贸港建设政策落实落细</a></li>
            <li><a href="">跑出加速度 迈上新台阶</a></li>
            <li><a href="">应用领域更广泛 产业短板待补齐</a></li>
            <li><a href="">免税政策发力 释放消费潜力</a></li>
        </ul>
    </article>
```

CSS 样式按照页面需求设计。以下给出部分样式设计作为参考。

```
    article{
        width: 300px;
        font-family: "微软雅黑";
```

```
        }
h2{
        color: #000088;
        font-size: 14px;
        text-align:center;
        }
ul li{
        font-size: 12px;
        height: 20px;
        list-style-type: square;
        }
ul li:first-child,ul li:nth-child(2){
        font-weight: bold;
        }
ul li a{
        text-decoration: none;
        color: #000000;
        }
ul li a:hover{
        text-decoration: underline;
        color: red;
        }
```

在列表中，由于每个列表项都使用<li></li>标记，因此在对其中某一项或者几项单独设置样式时，建议使用伪类选择器，如:first-child、:nth-child(n)、:last-child 等，这样可以大大减少代码量，HTML 文档的可读性会更强。

2. 定义列表用于图文混排

定义列表可用于图文混排，在<dt>和</dt>标记之间插入图片，在<dd>和</dd>标记之间放入对图片进行解释说明的文字。图 6-11 所示为通过定义列表实现的图文混排效果。

图 6-11　用定义列表实现图文混排

具体实现步骤如下。

（1）搭建 HTML 结构。

```
<body>
    <dl class="box">
```

```
        <dt><img src="img/redmibook.jpg" ></dt>
        <dd>
            <h2>小米 10 至尊纪念版</h2>
            <p>「十年献礼之作！最高享 24 期免息，低至 221 元起/期；加 149 元得 199 元
55W 立式风冷无线充；加 69 元得皮革保护壳」120X 超远变焦 / 120W 秒充科技 / 120Hz 刷新率 + 240Hz 采样
率 / 骁龙 865 旗舰处理器 / 双模 5G / 10 倍混合光学变焦 / OIS 光学防抖+EIS 数字防抖 / 2000 万超清前置
相机 / 双串蝶式石墨烯基锂离子电池 / 等效 4500mAh 大电量 / 120W 有线秒充+50W 无线秒充+10W 无线反充 /
WiFi 6 /多功能 NFC / 红外遥控</p>
        </dd>
    </dl>
 </body>
```

（2）定义 CSS 样式。

```
    <style type="text/css">
        .box{width: 600px;  border: 1px solid; padding: 20px;}
        .box dt{float:left; width: 40%;}
        .box dt img{width: 100%;}
        .box dd h2{ font-family: '微软雅黑';}
        .box dd p{ font-family: '宋体'; text-indent: 2em;}
    </style>
```

运行案例的完整代码，即可实现图 6-11 所示的图文混排效果。

虽然我们在前面的任务中使用<img>和<p>也能够完成图文混排的效果，但是定义列表的
<dl><dt></dt><dd></dd>…</dl>结构为我们省去了很多烦琐的步骤。

3. 使用列表制作导航菜单

导航菜单是列表最为广泛的一种应用形式。无序列表或者有序列表的列表项 li 可以当作菜单项，
li 里面再嵌套超链接 a 标记实现跳转功能就可以了。格式如下。

```
    <ul>
        <li> <a href="#">菜单一</a></li>
        <li> <a href="#">菜单二</a></li>
        <li> <a href="#">菜单三</a></li>
        <li> <a href="#">菜单四</a></li>
        <li> <a href="#">菜单五</a></li>
    </ul>
```

对列表设置样式。由于在各大浏览器中，ul 或者 ol 都有默认的 margin 和 padding 值，为了使
在不同浏览器中的显示效果一致，往往在 CSS 的开始就统一置 0，后续再根据需要进行添加。

```
* { margin: 0; padding: 0; }
```

菜单项是不需要列表项编号或者图标的，所以继续对 ul 进行样式设置，以取消无序列表左边的图标。

```
ul{ list-style-type:none;}
```

运行完整代码后，页面效果如图 6-12 所示。

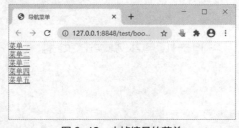

图 6-12　去掉编号的菜单

如果想制作块级导航菜单，则需要将导航条的 a 标记转成块级，设置每个菜单项的宽高、文字颜色、水平垂直居中及背景色，并且为了美观，还要去掉 a 标记的下划线。代码如下。

```
ul li a{
    display: block;
    width: 80px;
    height: 30px;
    color: #fff;
    background: #00214E;
    font-family: '微软雅黑';
    text-decoration: none;
    text-align: center;
    line-height: 30px;}
```

接着设置鼠标指针经过导航菜单的变色效果。使用伪类:hover，设置样式如下。

```
ul li a:hover{
    background: #0000FF;
    color: #f00;
    }
```

运行全部代码后，页面效果如图 6-13 所示。

为了更加美观，还可以为每个菜单项加上边框，也可以设置导航条的 li 左浮动或者 inline-block，将垂直导航栏变成水平导航栏，如图 6-14 所示，具体制作方法读者可以自己尝试。

图 6-13 使用列表制作的垂直导航栏

图 6-14 使用列表制作的水平导航栏

【项目实践】

使用列表完成网上商城首页左侧导航菜单的一级菜单效果，如图 6-15 所示。通常情况下导航菜单的背景颜色为 rgba(45,50,60,0.8)，将鼠标指针移入后背景色为#ff6600。

图 6-15 左侧导航的一级菜单

分析：观察效果图可以发现，每个菜单项包括文字和图标两部分，分别左右对齐，鼠标指针的响应区为矩形条，超链接发生在文字位置。

步骤参考如下。

（1）在 HTML 文档中写入需要的页面元素。

```
<div class="banner_l">
    <ul>
        <li><a href="#">手机 电话卡</a><span></span></li>
        <li><a href="#">电视 盒子</a><span></span></li>
        <li><a href="#"> 显示器</a><span></span></li>
        <li><a href="#">家电 插线板</a><span></span></li>
        <li><a href="#">出行 穿戴</a><span></span></li>
        <li><a href="#">智能 路由器</a><span></span></li>
        <li><a href="#">电源 配件</a><span></span></li>
        <li><a href="#">健康 儿童</a><span></span></li>
        <li><a href="#">耳机 音响</a><span></span></li>
        <li><a href="#">生活 箱包</a><span></span></li>
    </ul>
</div>
```

（2）根据需要添加 CSS 样式。

```
.banner_l{
    width: 25%;
    height: 100%;
    background-color: rgba(45,50,60,0.8);
    position:absolute;
    left: 0;
    top: 0;
}
.banner_l ul{
    font-size: 14px;
    list-style-type: none;
}
.banner_l ul li{
    height: 36px;
    line-height: 36px;
    padding-left: 20px;
}
.banner_l ul li:first-child{
    margin-top: 10px;
}
.banner_l ul li:hover{
    background: #f60;
}
.banner_l a{
    display: inline-block;
    width: 80%;
    text-decoration: none;
    color: #FFF;
}
.banner_l span{
```

```
                        font-weight: bold;
                        color: #fff;
            }
```

在以上代码中，每个列表项 li 都包含了 a 标记和 span 标记，为了使 span 标记内部的 ">" 右对齐，我们将 a 标记的 display 属性设置成 inline-block，这样 a 元素才会有固定的宽度，然后设置了鼠标指针移入每一个列表项 li 元素时背景色发生改变的伪类效果。至此，左侧导航一级菜单制作完成，如图 6-16 所示。

图 6-16　左侧导航一级菜单的完成效果

任务 6-2　使用列表制作多级导航

【任务提出】

在小王的网上商城项目首页中，左侧多级导航是网站内容的重中之重，效果如图 6-17 所示。小王已经能够使用绝对定位控制二级菜单出现的位置，但是更细节的部分，如处理多级菜单内部复杂的层级关系，还需要 ul+li 嵌套来完成。通过列表+超链接+CSS 组合应用，可以实现二级导航菜单，如果想添加子菜单，继续嵌套 ul/ol 标记及子标记就可以了。

图 6-17　左侧多级导航效果

【学习目标】

📖　**知识点**
- 掌握列表的嵌套及其样式。

📖　**技能点**
- 学会使用列表制作多级导航菜单。

- 能够熟练设置多级列表的样式。

📖 **素养点**

- 提升审美修养。
- 培养精益求精的工匠精神。

【相关知识】

如果把网站看成一个生命体，那么导航系统就是它的骨骼。结构简单的网站导航系统也比较简单，而对于复杂的网站，如商城网站或大型门户网站，导航系统也会复杂得多，此时一个优秀的多级导航能够帮助用户更高效地找到目标内容。

一、列表的嵌套

在使用列表时，列表项也有可能包含若干子列表项。要想在列表项中定义子列表项，就需要将列表嵌套。图 6-18 所示为一个应用了列表嵌套的二级商品分类导航。

图 6-18　商品分类导航

嵌套列表可以把展示内容分为多个层次，用户浏览起来主次分明、类别清晰。无序列表和有序列表不但可以自身嵌套，而且可以互相嵌套。

【例 6-3】应用嵌套列表。

在 body 中写入以下代码。

```
<ul>
    <li>手机
        <ol>
            <li>华为手机</li>
            <li>小米手机</li>
            <li>荣耀手机</li>
            <li>魅族手机</li>
        </ol>
    </li>
    <li >手机配件
        <ul>
```

```
                    <li>手机壳</li>
                    <li>耳机</li>
                    <li>充电宝</li>
                    <li>手机电池</li>
                </ul>
            </li>
            <li>影音娱乐</li>
            <li>通信服务</li>
            <li>数码配件</li>
        </ul>
```

运行完整的案例代码，效果如图 6-19 所示。

图 6-19　列表的嵌套

可以看出，以上无序列表中嵌套了一个有序列表和一个无序列表，使用嵌套可以把展示内容分为多个层次，浏览起来更加清晰。

二、多级导航菜单的制作

我们在进行网站首页的设计时，经常会苦于内容太多、空间太小，特别是对于商城类网站，既要能够尽可能多地展示内容，又要清晰简洁、层次分明，便于引导用户访问，这就需要对原有的导航菜单进行扩充，使之能够容纳更多的信息，此时多级导航菜单应运而生了。下面重点学习二级导航菜单的制作方法。

1. 水平二级导航菜单的制作

二级导航菜单通常是鼠标指针触发主菜单时，在主菜单下方或者左右两侧显示二级菜单，鼠标指针移入二级菜单后单击可以打开相应的链接。二级菜单出现的位置紧随一级菜单。图 6-20 所示为常见的水平二级导航菜单。

图 6-20　水平二级导航菜单案例

具体制作过程如下。

先在 body 中按照菜单项的层级添加列表元素。

```
<ul>
    <li>MENU1
        <ol>
            <li><a href="#">MENU1-1</a></li>
            <li><a href="#">MENU1-2</a></li>
            <li><a href="#">MENU1-3</a></li>
        </ol>
    </li>
    <li>MENU2</li>
    <li>MENU3</li>
</ul>
```

主菜单为无序列表，本例中有 3 个列表项，嵌套的二级菜单由<ol>生成。

然后，进行 CSS 样式的设置。

（1）进行初始化的设置，由于<ol>、<ul>在不同的浏览器下默认的 margin 和 padding 不同，因此为了保持浏览效果的一致性，在 CSS 的开头将文档中所有元素的 margin 和 padding 置 0。

```
*{      padding: 0; margin: 0;      }
```

（2）去掉所有列表项前面的图标。

```
ul,ol{     list-style-type: none;     }
```

可以看出，多级菜单中使用 ul 和 ol 是等同的。

（3）设置主菜单的样式。由于两级菜单的标记均为 li，所以为了方便定位到它们，可以充分利用子元素选择器 ">"。

```
ul>li{      display: inline-block;
        width: 100px;
        height: 40px;
        border: 1px solid #888;
        line-height: 40px;
        text-align: center;
        color:#000;
        font-size:16px;
        cursor:pointer;/*手形鼠标指针*/
    }
```

子元素选择器 ">"表示该样式只作用于直接子元素 li，不影响嵌套层级更深的 li。

（4）设置二级菜单样式。

```
ol>li{      width: 100px;
        text-align: center;
        line-height: 30px;
        background: #008;
        border-bottom:1px solid #fff;
        }
ol a{      color: #fff;
        text-decoration:none;
        }
```

（5）设置鼠标响应效果。

当鼠标指针移入二级菜单项时改变背景色。

```
ol>li:hover{  background-color:#00f;}
```

此时，主菜单和子菜单的相对位置关系如图6-21所示。

（6）设置二级菜单的位置。

由于二级菜单的位置要始终跟随主菜单，因此要对嵌套列表元素使用定位布局。

主菜单项MENU1、MENU2…是父级元素，做各自所包含二级菜单的参照物，可将父级元素
<li>设置成相对定位，二级子菜单的容器<ol>设置成绝对定位，出现位置在主菜单项的下方。

```
ul>li{          …
        position: relative;
        }
ol{     position: absolute;
        left: 0px;
        top: 40px;
        }
```

此时页面效果如图6-22所示。

图 6-21 未定位前的二级水平导航菜单

图 6-22 定位以后的二级水平导航菜单

设置绝对定位以后，<ol>脱离了普通流，在父级盒子中不占位，所以 MENU2、MENU3 和
MENU1 又重新处于同样的高度。子菜单的位置要参照父级菜单项进行偏移，刚好在父级菜单正下
方可设置 top 为 100%或者 40px，left 设为 0，左端对齐；如果其子菜单在父级菜单右侧，那么要
设置 left 为 100%。

做到这里，我们发现主菜单项之间留有空隙，请读者思考一下，为什么会有空隙呢？如何去除
这个空隙？

（7）设置二级下拉菜单隐藏，在鼠标指针滑过主菜单时，显示下拉菜单。

```
ol{     display:none;   }  /*初始时下拉菜单隐藏*/
ul>li:hover ol{     display:block;      }
```

上面代码中的"＞"强调父子元素的关系，"空格"强调包含的关系，只有鼠标指针滑过主菜单
项时，其包含的下拉菜单容器才会显示。

根据需要复制多个主菜单项，继续添加<ol>，即可
得到图 6-23 所示的水平导航效果。

至此，水平二级导航菜单制作完毕，读者可以自行
制作子菜单在右侧（或者左侧）的垂直二级导航菜单。

2. 竖直伸缩型二级菜单的制作

竖直伸缩型二级菜单的形式是当鼠标指针触发主菜
单时，相应的子菜单竖直显示在其下方，占据其他主菜

图 6-23 水平二级导航菜单页面效果

单项的位置。使用这一类导航的网站比较少，其特点是菜单项位置不稳定，但是节省空间。

具体制作过程如下。

首先，写好 body 中的列表元素。

```
<ul>
<li>menu1
    <ol>
        <li><a href="#">menu1-1</a></li>
        <li><a href="#">menu1-2</a></li>
        <li><a href="#">menu1-3</a></li>
    </ol>
</li>
<li>menu2</li>
<li>menu3</li>
</ul>
```

然后，进行 CSS 样式设置。

（1）初始化设置，将 ul、ol 等元素的默认 padding、margin 都置 0。

```
*{padding: 0; margin: 0;}
```

（2）设置所有列表项前面的图标类型为 none。

```
ul,ol{ list-style-type: none;}
```

（3）设置第一级列表项的外观样式。

```
ul>li{
    width: 100px;
    background: #000088;
    border: 1px solid #fa0;
    color: #fff;
    text-align: center;
    padding: 8px 0;
    cursor: pointer;
}
```

仍然使用"＞"子对象选择符，只影响 ul 的直接子元素，即一级菜单项。使用 cursor:pointer; 将鼠标指针变成手形，提升用户体验。

li 没有固定的高度，高度取默认值 auto，由其内部元素决定 li 的高度。

（4）设置二级菜单所有的 a 为块级元素，并对其文字格式进行设置，包括 text-decoration、font-size、color、text-align、line-height 等。

```
ol>li{
    width: 100px;
    background: #FA0;
    height: 30px;
    text-align: center;
    line-height: 30px;
    border-bottom: 1px solid;
}
ol a{
    display: block;
    color: #00f;
    text-decoration: none;
}
```

（5）设置二级子菜单的位置。二级子菜单的出现要占据后面一级菜单的位置，要在文档流中占据一定的高度，因此二级菜单容器要设置相对定位 relative。为美观起见，增加一点 top 偏移量。

```
ol{
        position: relative;
        top: 8px;
        left: 0;
}
```

（6）正常情况下，二级菜单隐藏，当鼠标指针滑过主菜单时，二级菜单才显示。

```
ol{display: none;}
ul>li:hover ol{display: block;}
```

（7）设置鼠标指针滑动到二级菜单时子菜单项背景色的变换效果。

```
ul a:hover{        background: #FF0;        }
```

运行完整代码以后，页面效果如图 6-24 所示。

图 6-24　竖直伸缩型二级菜单页面效果

素养提示　二级导航菜单的制作比较麻烦，样式的设置需要精益求精，需要我们有足够的耐心。而且导航菜单往往汇聚了大多数的网站信息，所以需要从用户感知的角度设计界面，力求为用户下一步操作提供高效的指引。

【项目实践】

网上商城首页中左侧导航模块设计有图 6-25 所示的二级导航菜单，请使用嵌套列表完成。

图 6-25　网上商城首页左侧二级导航效果

本项目所需图片在本书配套素材文件夹 img01/menu 中。

制作思路：首先在主菜单项的子级增加二级菜单容器，然后利用绝对定位确定二级菜单的位置，配合鼠标操作响应二级菜单的显示和隐藏。

部分代码参考如下。

（1）搭建页面元素。

```
<div class="banner_l">
    <ul>
    <li><a href="#">手机</a><span>></span>
    <!--添加二级菜单-->
    </li>
    <li><a href="#">电视</a><span>></span>
    <!--添加二级菜单-->
    </li>
    <li><a href="#">笔记本 平板</a><span>></span>
    <ol>
    <li><a href="#"><img src="img01/menu/A1.jpg" ><span>XXXXX</span></a></li>
    <li><a href="#"><img src="img01/menu/D5.jpg" ><span>XXX</span></a></li>
    <li><a href="#"><img src="img01/menu/A3.jpg" ><span>XXXXX</span></a></li>
    <li><a href="#"><img src="img01/menu/A4.jpg" ><span>XXXXX</span></a></li>
    </ol>
    </li>
    ...
    </ul>
</div>
```

（2）添加 CSS 样式，并对之前写过的部分样式属性值进行调整。

其中，.banner_l 在之前的任务中已经定位过，所以可以直接作为 ol 元素的参照物。继续对 ol 设置绝对定位，并调整偏移值。

```
.banner_l ol{
        background: #fff;
        width: 700px;
        list-style-type: none;
        font-size: 12px;
        border: 1px solid #333;
        position: absolute;
        left:100% ;
        top:0;
        bottom: 0;
        display: none;
}
    .banner_l ul>li:hover ol{
        display: block;
}
```

在上面的样式代码中，绝对定位的子盒子 top 和 bottom 同时取 0，表示与参照物等高。

经过以上设置后，可得到图 6-26 所示的效果，具体细节请读者参照图 6-25 所示内容继续添加。

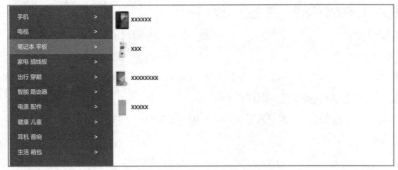

图 6-26　二级导航初步效果

【小结】

本项目学习了列表及其样式属性的用法，列表经常用于展示条目类信息、图文混排信息，以及导航菜单等。列表灵活嵌套还可实现多级导航菜单，这是定位、列表、超链接、文本和图像等多个知识点和技能点的综合应用，尤其是要深入理解绝对定位和相对定位的用法，只有灵活运用才能制作出样式多变的多级导航。

【习题】

一、填空题

1. 想让列表项按顺序出现时，可以使用_____，标记是_____；想让列表项无序出现时，可使用_____，标记是_____；想对术语名词进行解释时，可以使用_____，标记是_____。

2. 想使用自定义的列表符号时，可以使用_____。

3. 在定义列表中，一个<dt>后面可以定义_____个<dd>。

二、选择题

1. 列表项内部可以使用（　　　）。

A. 段落　　　　　　B. 图片　　　　　　　　C. 链接　　　　　　　　D. 以上都可以

2. 用列表制作导航时，通常将列表的 list-style-type 设为（　　　）。

A. disc　　　　　B. circle　　　　　　　C. square　　　　　　D. none

3. 用列表制作水平导航时，需要为每个 li 标记添加（　　　）属性。

A. float:left　　　B. display:block　　　C. display:none;　　　D. float:none

4. list-style-type: lower-alpha 的意思是将列表的符号设为（　　　）。

A. 数字　　　　　B. 罗马字母　　　　　C. 大写英文字母　　　D. 小写英文字母

5. 在列表中，对列表符号的位置进行设置的 CSS 属性是（　　　）。

A. list-style-type　　　　　　　　B. list-style-position

C. list-style-image　　　　　　　D. list-style-show

6. list-style-type: circle 的意思是将列表的符号设为（　　　）。

A. 实心圆　　　　B. 空心圆　　　　　　C. 实心方块　　　　　D. 无

7. 在列表中，对列表符号进行设置的 CSS 属性是（　　　）。

A. list-style-type

B. list-style-position

C. list-style-image

D. list-style-show

三、思考题

1. 简述列表在网页中有哪些应用场景。

2. 请为以下代码设置样式，使之实现水平二级导航效果，样式自定。

```html
<div id="menu">
    <ul>
        <li>首页</li>
        <li>网页版式布局</li>
            <ol>
                <li>圣杯型布局</li>
                <li>网格式布局</li>
            </ol>
        <li>div+css 教程</li>
        <li>div+css 实例</li>
            <ol>
                <li>任务一</li>
                <li>任务二</li>
                <li>任务三</li>
                <li>任务四</li>
            </ol>
        <li>常用代码</li>
        <li>技术文档</li>
        <li>资源下载</li>
        <li>图片素材</li>
    </ul>
</div>
```

项目7
使用弹性盒布局二级导航菜单

07

【情境导入】

小王在使用定位盒子及嵌套列表完成网上商城网站首页的二级导航菜单以后，又遇到了新的问题：如果要添加足够多的二级菜单项，如何换行？如何根据菜单容器的宽度控制二级菜单项目的分布？做了多次尝试以后，小王决定向李老师请教。李老师告诉小王，二级菜单项在容器中的排列也需要提前做好布局，布局做好了，再向里面填充各个项目内容就容易了。可是使用哪一种布局方法更合适呢？小王准备再学习另外一种布局方式——弹性盒布局。

【任务提出】

小王已经完成了左侧导航二级导航菜单的架构，要继续添加内部的子菜单项了。其中每个子菜单的菜单项都不尽相同，我们需要将它们均匀分布在二级菜单容器中，如图 7-1 所示。为了保证既能填满未使用的空间，又能避免溢出父元素，在开发中必须把它们设置成"可伸缩"的弹性盒，根据子菜单的项数改变它们的分布情况。本任务使用弹性盒布局来完成。

图 7-1　二级子菜单

【学习目标】

📖　**知识点**

- 掌握弹性盒布局的概念。
- 掌握弹性容器的常用属性设置。

　　📖 **技能点**

- 学会使用弹性盒进行页面布局并进行样式设置。
- 能够根据需要选择合适的页面布局方式。

　　📖 **素养点**

- 提高自主探究能力。

【相关知识】

二级菜单项是由左向右横向或者从上到下纵向排列的。在容器大小固定的情况下，要想容纳所有的二级菜单项目，就需要子元素能弹性缩放其尺寸，这样如果子元素的大小固定不变，那么弹性容器的尺寸就需要弹性伸缩了。

一、认识弹性盒布局

W3C 在 2009 年提出了一种新的网页布局方案——Flexbox（弹性盒）布局，其可以简便、完整、响应式地实现各种页面布局。目前，它已经得到了所有浏览器的支持，与之前的 DIV+CSS 布局模式相比，弹性盒布局模型提供了一种更加有效的方式来对一个容器中的子元素进行排列、对齐和分配空白空间等操作。

在弹性布局中，弹性容器的子元素可以按行或列排列，既可以增加尺寸以填满未使用的空间，也可以收缩尺寸以避免溢出父元素。通过以主轴和交叉轴为布局逻辑基础的子项位置布局模式，可以很方便地操控子元素的水平对齐和垂直对齐，此方式适合用于小规模布局，也经常用于移动端。但是，和我们前面用过的网格布局不同，弹性盒布局是一维布局，行列只能同时操作一个。

二、弹性盒的内容

弹性盒由弹性容器（Flex Container）和弹性子元素（Flex Item）组成。

设置父级盒子的 display 属性的值为 flex 或 inline-flex 可将其定义为弹性容器，弹性容器内可包含一个或多个弹性子元素。容器默认存在两条轴：水平的主轴和垂直的交叉轴。弹性子元素项目默认沿主轴排列，在弹性盒内显示为一行，从左到右排列，无论子元素的宽度是多少，都在一行内显示。

【例 7-1】制作默认弹性盒效果。

```html
<!DOCTYPE html>
<html>
    <head>
        <meta charset="utf-8">
        <title>弹性盒</title>
        <style>
            .flex-container{
                display: flex;
                width: 450px;
                height: 300px;
                border: 1px solid;
```

```
        }
        .flex-item{
            width: 200px;
            height: 125px;
            margin: 10px;
            border: 1px solid;
        }
    </style>
</head>
<body>
    <div class="flex-container">
        <div class="flex-item">盒子1</div>
        <div class="flex-item">盒子2</div>
        <div class="flex-item">盒子3</div>
    </div>
</body>
</html>
```

运行结果如图 7-2 所示。

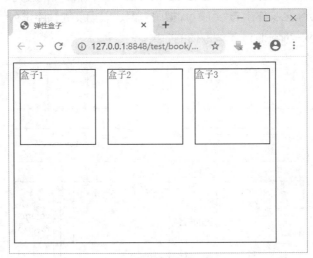

图 7-2　弹性收缩的子元素

在以上代码中，弹性容器设置了固定的宽度和高度，其中宽度为 450px，内含 3 个弹性子元素，每个宽度为 200px，外加左右方向的 margin，3 个弹性子元素的设置宽度总和远超过容器的宽度，在普通盒子中是没法放到一行的。但是在弹性盒中，子元素默认收缩尺寸以避免溢出父元素。

三、弹性盒的 CSS 样式属性

弹性盒布局的 CSS 样式分两种：一种是应用在父容器上的 CSS 样式，用于设定父容器本身或者全部子元素的表现形式；另一种则是应用在子元素上的 CSS 样式，用于设置单个子元素的表现行为。

应用于父容器的 CSS 样式如表 7-1 所示。

表 7-1　应用于弹性盒父容器的 CSS 样式属性

样式属性	描述
flex-direction	指定弹性容器中子元素的排列方式
flex-wrap	设置弹性盒子的子元素超出父容器时是否换行
flex-flow	flex-direction 和 flex-wrap 的简写
align-items	设置弹性盒子元素在侧轴（纵轴）方向上的对齐方式
align-content	修改 flex-wrap 属性的行为，类似于 align-items，但不是设置子元素对齐，而是设置行对齐
justify-content	设置弹性盒子元素在主轴（横轴）方向上的对齐方式

1. flex-direction 属性

flex-direction 属性用于指定弹性容器中子元素的排列方向，可以取以下 4 个值。

（1）row：默认值，设置弹性盒子元素在父容器中水平分布，从左向右排列。

（2）row-reverse：作用与 row 相同，但是以相反的顺序排列。

（3）column：设置弹性盒子元素在父容器中垂直分布，由上向下排列。

（4）column-reverse：作用与 column 相同，但是以相反的顺序排列。

图 7-3 所示为 flex-direction 不同取值的效果。

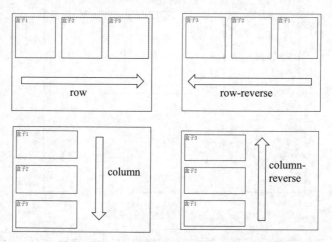

图 7-3　flex-direction 不同取值的效果

2. flex-wrap 属性

flex-wrap 属性设置弹性盒的子元素超出父容器时是否换行/列，可以取以下 3 个值。

（1）nowrap（默认）：规定元素不换行或不换列。

【例 7-2】增加子元素的数量。

将例 7-1 中的子元素增加到 5 个。

```
<body>
    <div class="flex-container">
        <div class="flex-item">盒子 1</div>
        <div class="flex-item">盒子 2</div>
        <div class="flex-item">盒子 3</div>
```

```
            <div class="flex-item">盒子 4</div>
            <div class="flex-item">盒子 5</div>
        </div>
    </body>
```

默认值下 5 个子元素不拆行/列，排在弹性盒的同一行/列中，如图 7-4 所示。

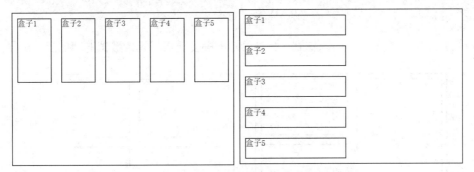

图 7-4　flex-wrap 属性取默认值 nowrap 的效果

（2）wrap：规定元素在必要时拆行或拆列，方向为从上到下/从左到右。

在父级弹性容器固定宽高的情况下，flex-wrap 取值为 wrap 时，子元素会强制拆行或拆列，多出的子元素会溢出。图 7-5 所示为弹性容器设置为 width: 450px;　　height: 300px;，主轴分别为 row 和 column 时的页面效果。

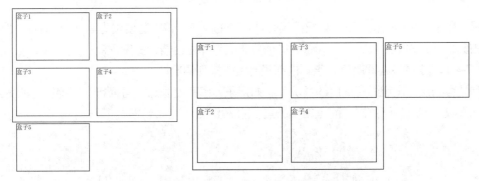

图 7-5　弹性容器固定宽高时子元素溢出的页面效果

在主轴为行的情况下，如果将弹性容器的高度设为默认值 auto，则可以根据子元素内容来扩展弹性盒子的高度。

【例 7-3】在固定宽度情况下，弹性盒的高度弹性扩展。

在弹性容器没有固定高度的情况下，如果子元素高度固定，则增加子元素可扩展弹性盒子高度，样式代码如下。

```
    <style>
        .flex-container{
            display: flex;
            flex-direction:row;
            flex-wrap: wrap;
            width: 450px;
            border: 2px solid;
```

```
            }
        .flex-item{
                width: 200px;
                height: 125px;
                margin: 10px;
                border: 2px solid;
            }
    </style>
```

运行结果如图 7-6 所示，可以看到，弹性容器的高度随着子元素数量的增加自动扩展。

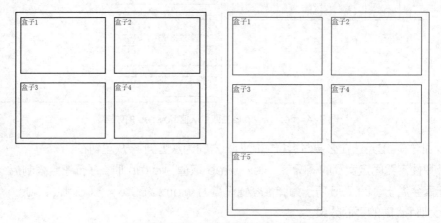

图 7-6　主轴为行时高度自动扩展的弹性盒

但是，在主轴为列的情况下，如果固定弹性容器的高度，将其宽度设为默认值 auto，则弹性盒的宽度由父级元素的宽度决定，子元素的排列分布受到弹性容器的宽度限制。

【例 7-4】固定弹性容器高度，查看内部子元素的排列情况。

在弹性容器没有设定固定宽度的情况下，如果子元素宽度固定，可换行，则弹性盒的宽度不会随着子元素数量的增加而扩展，而是由父级盒子的宽度决定。样式代码如下。

```
        <style>
        .flex-container{
          display: flex;
          flex-direction:column;
          flex-wrap: wrap;
          height: 300px;
          border: 2px solid;
        }
        .flex-item{
          width: 200px;
          height: 125px;
          margin: 10px;
          border: 2px solid;
        }
    </style>
```

页面效果如图 7-7 所示，此时弹性容器的宽度与浏览器或者父级盒子的宽度有关，如果容器宽度过小，则有可能无法全部容纳所有的子元素。

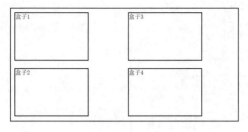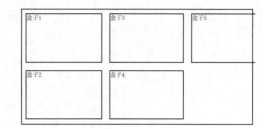

（a）容器宽度足够的情况   （b）容器宽度不够的情况

图 7-7 主轴为列时弹性容器高度固定后子元素的分布

（3）wrap-reverse：设置弹性盒对象的子元素在父容器中的位置水平/垂直逆序分布并靠在父容器的右/下侧。读者可以自己试一下效果。

3. flex-flow 属性

flex-flow 属性是 flex-direction 属性和 flex-wrap 属性的简写形式，默认值为 row nowrap，两个属性值中间以空格间隔。

语法格式如下。

```
.flex-container { flex-flow: <flex-direction> <flex-wrap> }
```

4. justify-content 属性

justify-content 用于设置弹性盒子元素在主轴（横轴）方向上的对齐方式，对齐方式分别有轴的正方向对齐、轴的反方向对齐、基于行内轴的中心对齐等。具体属性值如表 7-2 所示。

表 7-2 justify-content 的属性值

值	描述
flex-start	默认值，项目位于容器的头部
flex-end	项目位于容器的尾部
center	项目位于容器的中心
space-between	项目位于各行之间留有空白的容器内
space-around	项目位于各行之前、之间、之后都留有空白的容器内

给子元素添加 justify-content 的各种属性值。

```
.flex-item{ justify-content: flex-start| flex-end| center| space-between| space-around }
```

取不同值的显示效果如图 7-8 所示。

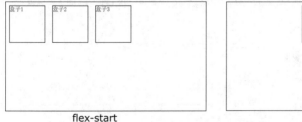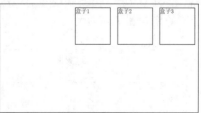

flex-start   flex-end

图 7-8 弹性盒子元素在水平方向上的对齐方式

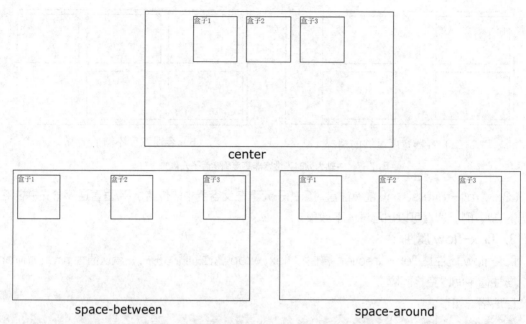

图 7-8　弹性盒子元素在水平方向上的对齐方式（续）

5. align-items 属性

align-items 属性用于设置弹性盒子元素在交叉轴（默认垂直方向）上的对齐方式，适用于子元素排列为单行的情况。表 7-3 所示为 align-items 属性的取值及其描述。

表 7-3　align-items 的属性值

值	描述
stretch	默认值，项目被拉伸以适应容器
center	项目位于容器的中心
flex-start	项目位于容器的头部
flex-end	项目位于容器的尾部
baseline	项目位于容器的基线上

下面以默认主轴为行的情况进行说明。

给子元素添加 align-items 的各种属性值，代码如下。

```
.flex-item{ align-items: stretch| center| flex-start| flex-end| baseline }
```

取不同值的效果如图 7-9 所示。

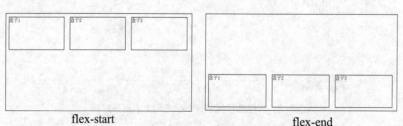

图 7-9　弹性盒子元素在垂直方向上的对齐方式

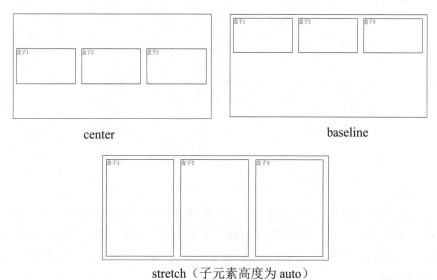

center   baseline

stretch（子元素高度为 auto）

图 7-9　弹性盒子元素在垂直方向上的对齐方式（续）

四、弹性子元素的属性

有一些样式属性是应用在弹性盒的子元素上的，如 order、flex-grow 等，它们用于单独设置某个子元素的外观。弹性子元素的常用属性如表 7-4 所示。

表 7-4　弹性子元素的常用属性

属性	描述
order	设置弹性盒的子元素排列顺序
flex-grow	设置或检索弹性盒子子元素的扩展比例
flex-shrink	指定了 flex 元素的收缩规则，flex 元素仅在默认宽度之和大于容器时才会收缩，其收缩的大小依据 flex-shrink 的值
flex-basis	用于设置或检索弹性盒子收缩的基准值
flex	设置弹性盒的子元素如何分配空间
align-self	在弹性子元素上使用，覆盖容器的 align-items 属性

1. order

order 属性允许对弹性容器内的弹性子元素重新排序。使用 order 属性可以把一个弹性子元素从一个位置移到另一个位置，就像操作可排序的列表那样，但是 HTML 源代码中的弹性子元素的位置是不用改动的。

在默认情况下，所有弹性子元素的 order 值都是 0。它可以是负值，也可以是正值，浏览器根据 order 属性的数字值，从最低到最高重新排序。

在例 7-2 的 5 个盒子中，设置盒子 5 的 order 值为-1，添加样式如下。

```
.flex-item:nth-child(5){  order: -1;  }
```

盒子 5 根据 order 值由小到大的规则，排列到最前面，如图 7-10 所示。

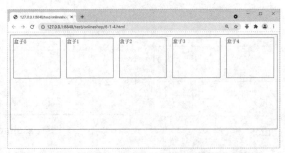

图 7-10　order 属性对弹性子元素排列的影响

2. flex-grow

flex-grow 属性定义项目的放大比例，默认为 0，表示即使存在剩余空间，也不放大。

如果所有项目的 flex-grow 属性的值都为 1，那么它们将等分剩余空间。如果一个项目的 flex-grow 属性的值为 2，其他项目都为 1，那么前者占据的剩余空间将比其他项多一倍。

3. flex-shrink

flex-shrink 属性定义了项目的缩小比例，默认值为 1，即如果空间不足，则该项目将缩小。

如果所有项目的 flex-shrink 属性的值都为 1，则在空间不足的时候，它们将同步缩小。如果一个项目的 flex-grow 属性的值为 0，其他项目都为 1，那么前者将始终保持原始大小。

对于例 7-2 的 5 个盒子，添加如下样式，显示效果如图 7-11 所示。

```
.flex-item:nth-child(3){
        flex-grow: 1;
        flex-shrink: 0;
    }
```

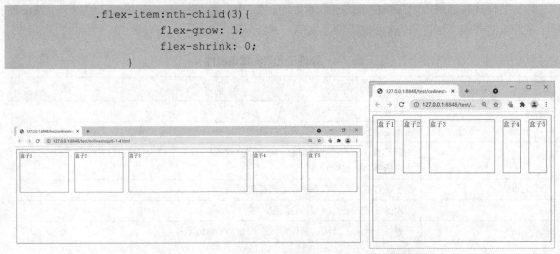

图 7-11　flex-grow 和 flex-shrink 属性对弹性子元素宽度的影响

可以看出，在容器宽度足够的情况下，第三个子元素放大，填满弹性容器剩余空间；但是如果容器宽度不足，则其他盒子同步缩小，而第三个子元素仍然保持原来的尺寸。

4. flex-basis

flex-basis 属性定义了在分配多余空间之前，子元素占据的主轴空间。浏览器根据这个属性计算主轴是否有多余空间。它的默认值为 auto，即项目的本来大小。当然，width 也可以用来设置元素的宽度，如果元素上同时设置了 width 和 flex-basis，那么 flex-basis 会覆盖 width 的值。

5. flex

flex 属性是 flex-grow、flex-shrink 和 flex-basis 的简写，默认值为 0 1 auto。后两个属性

可省略。该属性有两个快捷值：auto (1 1 auto) 和 none (0 0 auto)。

```
.flex-item{flex: auto; }
```

等价于如下形式。

```
.flex-item{flex-grow:1;flex-shrink:1;flex-basis:auto; }
```

此时，所有子元素都跟随弹性容器的大小缩放。

```
.flex-item{flex: none; }
```

等价于如下形式。

```
.flex-item{flex-grow:0;flex-shrink:0;flex-basis:auto; }
```

此时，所有子元素都保持原本的大小，不随着弹性容器的大小缩放。

6. align-self

align-self 属性允许单个子元素有与其他子元素不一样的对齐方式，可覆盖弹性容器的 align-items 属性。align-self 的默认值为 auto，表示继承父元素的 align-items 属性，如果没有父元素，则等同于 stretch。

由于本任务中弹性子元素属性应用不多，所以部分属性在此不展开详述，感兴趣的读者可以自行查阅相关资料。

> **素养提示** 弹性盒子是 CSS3 的一种新布局模式，当页面需要适应不同的屏幕大小以及设备类型时，即响应式页面布局时，为确保元素拥有恰当的行为，可以使用弹性盒布局方式。我们可以利用互联网自主探究关于弹性盒的其他知识，加入项目中，使之更加完善。

五、弹性盒的应用

弹性盒的出现解决了早期 CSS 的一些难题，如垂直居中、多列等高和自适应列宽等问题，在一些小规模的页面布局中经常使用，在移动端网站开发中使用起来也很灵活。

1. 垂直居中

单纯使用 CSS 设置块级元素在父级盒子中垂直居中非常麻烦，需要人工计算上下边距，而且经常计算得不准确。弹性盒的 justify-content 和 align-items 属性可以很方便地设置子元素在主轴和交叉轴两个方向上的对齐方式。

【例 7-5】弹性盒布局实现块级元素垂直居中。

父级容器中有两个子元素，分别对其设置样式。

```
<!DOCTYPE html>
<html>
    <head>
        <meta charset="utf-8">
        <title>垂直水平居中</title>
        <style type="text/css">
            .flex-container{
                height: 300px;
                border: 1px solid;
                display:flex;
                }
            .flex-item{
```

```
                        width: 100px;
                        height: 100px;
                        border: 1px solid;
                    }
            </style>
        </head>
        <body>
            <div class="flex-container">
                    <div class="flex-item">盒子 1</div>
                    <div class="flex-item">盒子 2</div>
            </div>
        </body>
</html>
```

在以上代码中，对弹性盒容器定义了 justify-content:center;和 align-items:center;两个样式属性，分别表示子元素在主轴和交叉轴上均位于容器的中心。页面效果如图 7-12 所示。

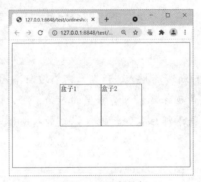

图 7-12　垂直居中

2.　多列等高

在多列式页面布局中，我们要保证水平排列的多个栏目高度是相等的，但是往往它们的高度不是绝对值，而是由内容的多少来决定，这在传统的 CSS 中做起来非常不方便。弹性盒布局就很好地解决了这个问题。

【例 7-6】弹性盒布局实现多列等高。

父级容器中有 3 个子元素，分别对其设置样式。

```
<!DOCTYPE html>
<html>
    <head>
        <meta charset="utf-8">
        <title>多列等高</title>
        <style type="text/css">
            .container{
                display: flex;
                border: 2px solid;
                }
            .item{
                background: cyan;
                margin: 0 6px;
                }
```

```
                .left{width: 30%;}
                .mid{width: 50%;}
                .right{width: 20%;}
            </style>
        </head>
        <body>
            <div class="container">
                <div class="item left">盒子 1 的内容盒子 1 的内容盒子 1 的内容盒子 1 的内容盒
子 1 的内容盒子 1 的内容盒子 1 的内容盒子 1 的内容</div>
                <div class="item mid">盒子 2</div>
                <div class="item right">盒子 3</div>
            </div>
        </body>
</html>
```

在以上代码中，弹性容器内的 3 个子元素无论内容是多少，都以内容最多的盒子的高度为准，保持三者等高，如图 7-13 所示，这在页面布局中使用起来非常方便。

图 7-13　多列等高

3. 自适应列宽

很多网站为了保证在不同的移动终端上都能兼容网页效果，经常会使用一些自适应宽度的栏目，即某一列的列宽会随着窗口宽度的变化而变化。

【例 7-7】弹性盒布局实现自适应列宽。

父级容器中有两个子元素分别代表不同的栏目模块，设置样式如下。

```
<!DOCTYPE html>
<html>
    <head>
        <meta charset="utf-8">
        <title>自适应列宽</title>
        <style type="text/css">
            .container{
                display: flex;
                }
            /*左侧固定宽高，右侧设置自适应的元素*/
            .left{width:180px; height:200px;border: 1px solid;}
            .right {flex : 1; border: 1px solid;}
        </style>
    </head>
```

169

```
    <body>
        <div class="container">
            <div class="left">左</div>
            <div class="right">右</div>
        </div>
    </body>
</html>
```

在以上代码中，左侧列宽固定，右侧列宽随着浏览器窗口的大小变化而变化，如图 7-14 所示。

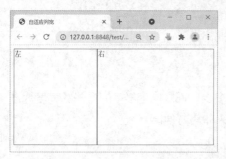

图 7-14　自适应列宽

【项目实践】

完成图 7-15 所示的二级导航，通过弹性盒布局设置二级导航子元素的位置。

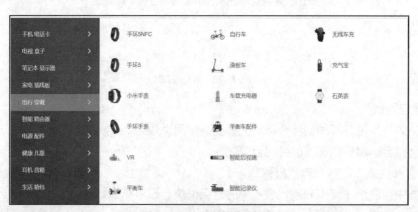

图 7-15　二级导航菜单效果

之前我们已经完成了二级导航菜单的架构，本次项目实践只需把子元素放到弹性容器中即可。

（1）在 body 中的一级菜单下添加如下内容。

```
<li><a href="#">出行 穿戴</a><span>></span></li>
    <div class="submenu">
        <ol>
            <li><img src="img01/menu/J1.webp" ><span>小米手环</span></li>
            <li><img src="img01/menu/J2.webp" ><span>小米手环</span></li>
            <li><img src="img01/menu/J3.webp" ><span>小米手环</span></li>
            <li><img src="img01/menu/J4.webp" ><span>小米手环</span></li>
            <li><img src="img01/menu/J5.webp" ><span>小米手环</span></li>
            <li><img src="img01/menu/J6.webp" ><span>小米手环</span></li>
```

```
            <li><img src="img01/menu/J7.jpg" ><span>小米手环</span></li>
            <li><img src="img01/menu/J8.jpg" ><span>小米手环</span></li>
            <li><img src="img01/menu/J9.webp" ><span>小米手环</span></li>
         </ol>
     </div>
</li>
```

（2）添加对应的 CSS 样式。

```
        .banner_l .submenu{
            width:600px;
            background: #fff;
            position: absolute;
            left:100%;
            top:0;
            bottom: 0;
            display: none;
            }
        /* 二级导航 */
        .banner_l ol{
            background: #fff;
            list-style-type: none;
            font-size: 12px;
            display: flex;
            flex-direction:column;/* 设置子元素在父容器中由上向下排列 */
            width: auto;
            height:400px;
            flex-wrap:wrap;
            }
        .banner_l ul>li:hover .submenu{
            display: block;
            }
        .banner_l ol>li{
            background: #fff;
            height: 70px;
            width: 200px;
            line-height: 70px;
            flex-grow: 0;
            flex-shrink: 0;
            }
        .banner_l ol span{
            font-size: 10px;
            color: #000;
            }
        .banner_l ol img{
            vertical-align:middle;
            width: 20%;
            }
        .banner_r img{
            width: 100%;
            display: block;
            }
```

【小结】

本项目使用弹性盒布局完成了二级导航菜单项的布局排版。与之前的浮动布局、流式布局、定位布局等相比，弹性盒布局不仅可以更加方便地对一个容器中的子元素进行排列、对齐和分配空白空间等操作，还可以通过属性很方便地控制弹性容器的子元素在行或者列上排列，这样既可以增加子元素的尺寸以填满未使用的空间，也可以收缩子元素的尺寸以避免溢出父元素。当然，使用前面学习的网格布局也可以实现该效果，弹性盒布局和网格布局在现代网站中应用非常广泛。

【习题】

一、填空题

1. 弹性盒由_____和_____组成。设置 display 属性的值为_____
_____或_____将一个容器定义为弹性容器。弹性容器内包含了一个或多个弹性子元素。

2. 弹性盒的_____属性可以用来指定弹性容器中子元素的排列方式。_____属性用于设置弹性盒的子元素超出父容器时是否换行。

3. 弹性盒子元素的 flex 属性是 flex-grow、flex-shrink 和 flex-basis 的简写，该属性有两个快捷值：_____和_____。取值为_____时，所有子元素都跟随弹性容器的大小而变化；取值为_____时，所有子元素都保持原本的大小，不随着弹性容器的大小而变化。

二、选择题

1. 关于弹性盒布局和网格布局，下列说法中不正确的是（   ）。

A. 网格布局与弹性盒布局有一定的相似性，都可以指定容器内部多个项目的位置

B. 弹性盒布局是轴线布局，只能指定"项目"针对轴线的位置，可以看作一维布局

C. 网格布局是将容器划分成"行"和"列"，产生"单元格"，然后指定子项目所在的"单元格"，可以看作二维布局

D. 弹性盒布局可以同时操作行和列

2. 在弹性盒布局中，能够指定弹性容器中子元素的排列方式的样式是（   ）。

A. flex-direction　　　　　　B. flex-wrap　　　　　　C. flex-flow　　　　D. align-items

3. 在弹性盒布局中，能够设置弹性盒的子元素超出父容器时是否换行/列的样式是（   ）。

A. flex-direction　　　　　　B. flex-wrap　　　　　　C. flex-flow　　　　D. align-items

4. 在弹性盒布局中，哪个属性定义了项目的缩小比例，默认为 1，即如果空间不足，则该子项目将缩小？（   ）

A. flex-shrink　　　　　　B. flex-grow　　　　　　C. order　　　　D. flex-basis

三、思考题

1. 请解释 CSS3 的弹性盒布局模型及其适用场景。

2. 弹性盒布局和网格布局有什么不同？

项目8
网页中表格元素的应用

【情境导入】

小王终于完成了所有的导航菜单，下面要继续完善网上商城首页的其他模块了。李老师告诉他，在 HTML 中用于组织和展示数据的标记除了前面学过的列表之外，还有表格。表格经常用于对数据或信息进行统计和展示，在一些网站中，对于行列比较清晰的部分，还可以使用表格进行页面元素的布局排版。图 8-1 所示的内容就可以使用表格来排版。

图 8-1　网站首页中的表格排版

【任务提出】

在日常生活中，为了清晰地表示数据或信息，通常使用表格对数据或信息进行统计和展示，同样在制作网页时，为了使网页中的元素有条理地显示，也需要使用表格对页面信息进行规划和展示。本任务选取了两个适宜使用表格元素的场景进行学习，分别是通过表格展示数据和通过表格进行小范围的页面布局。

【学习目标】

📖 **知识点**
- 掌握表格的基本用法和可选属性。
- 掌握控制表格的各种样式。

📖 **技能点**
- 学会使用合适的表格进行页面数据展示。
- 能够根据需要使用表格进行页面局部布局。

📖 **素养点**
- 培养精益求精的工匠精神。

【相关知识】

表格主要用于统计或展示信息，也可用于局部小范围的排版。虽然现在网站开发中较少使用表格元素，但是表格有一些特殊的功能和属性，使用得当往往会产生意想不到的效果。

一、创建表格

微课 8-1

表格

表格是一个整体结构，每个表格均有若干行，每行被分割为若干单元格。即使一个表格只有一个单元格，也有表格、行、单元格的完整结构。

1. 创建表格的基本语法

HTML 中的表格由 \<table\> 标记定义，每个表格均有若干行，行由 \<tr\> 标记定义，每行被分割为若干单元格，单元格由 \<td\> 标记定义。字母 td 是指表格数据，即数据单元格的内容，可以包含文本、图片、列表、段落、表单、水平线、表格等多种元素。创建表格的基本语法格式如下。

```
<table>
    <tr>
            <td>单元格内容</td>
        ...
        </tr>
    ...
</table>
```

上面的语法中包含 3 对 HTML 标记，分别为\<table\>\</table\>、\<tr\>\</tr\>、\<td\>\</td\>，它们是创建表格的基本标记，缺一不可，具体含义如下。

- \<table\>\</table\>：用于定义一个表格。
- \<tr\>\</tr\>：用于定义表格中的一行，必须嵌套在\<table\>和\</table\>标记之间，在\<table\>\</table\>中包含几对\<tr\>\</tr\>，就表示该表格有几行。
- \<td\>\</td\>：用于定义表格中的单元格，必须嵌套在\<tr\>和\</tr\>标记之间，一对\<tr\>\</tr\>中包含几对\<td\>\</td\>，就表示该行中有多少列（或多少个单元格）。

有时，为了突出表头，还会使用\<th\>标记来定义表格内的表头单元格。\<th\>是双标记，其内部的文本通常会呈现为居中的粗体文本，而\<td\>元素内的文本通常是左对齐的普通文本。

还可以使用\<caption\>\</caption\>标记为表格添加标题，\<caption\>标记必须紧随 \<table\>之后，每个表格只能定义一个标题，其会居中显示于表格之上。

【例 8-1】制作学生名单表格。

主要代码如下。

```
<table>
    <caption>学生名单</caption>
    <tr>
            <th>姓名</th>
            <th>性别</th>
            <th>年龄</th>
    </tr>
```

```
    <tr>
        <td>张三</td>
        <td>男</td>
        <td>18</td>
    </tr>
    <tr>
        <td>李四</td>
        <td>女</td>
        <td>19</td>
    </tr>
</table>
```

以上表格共有 3 行 3 列，其中第一行单元格内容加粗居中，为表头，如图 8-2 所示。可以看出，HTML 中的默认表格没有边框，只是将信息按照表格的行列来展示，表格的外观还需要由具体属性来定义。

2．表格的可选标记属性

大多数 HTML 标记都有相应的标记属性，用于为元素提供更多的信息，但是在 Web 标准下，我们更加倾向于让结构和表现相分离，所以更多地使用 CSS 样式属性设置页面元素的表现特征，标记属性用得少一些，对于<table>、<tr>、<td>等标记也不例外。

图 8-2　默认表格效果

（1）<table>标记的属性

有些表格属性可以快速改变表格的外观效果，在某些场合下使用效率比较高，具体介绍如下。

- border 属性：在<table>标记中，border 属性用于设置表格的边框，默认值为 0，如果 border=1，则表示表格边框的粗细为 1px。
- cellspacing 属性：cellspacing 属性用于设置单元格之间的空白间距，默认为 2px。
- cellpadding 属性：cellpadding 属性用于设置单元格内容与单元格边框之间的空白间距，默认为 1px。
- width 与 height 属性：默认情况下，表格的宽度和高度靠其自身的内容来支撑，可以设置其大小。
- align 属性：用于定义表格的水平对齐方式，其可选属性值为 left、center、right，但不赞成使用该属性，推荐使用样式 margin:0 auto;代替。
- bgcolor属性:用于设置表格的背景颜色,但不赞成使用该属性,推荐使用样式background-color代替。

例 8-1 中的默认表格没有边框，我们可以为 table 标记增加 border 属性。

```
<table border="1">…</table>
```

页面效果如图 8-3 所示。

观察图 8-3 后可以发现表格的边框很宽，而且为双线样式，这是由于<td>之间有间隙。只需要修改表格的 cellspacing 属性即可改为单线样式。

```
<table border="1"  cellspacing="0">…</table>
```

效果如图 8-4 所示。

图 8-3　border="1"的表格效果

图 8-4　cellspacing="0"的表格效果

但是，此时表格边框的宽度明显比我们设置的 1px 要大。这是为什么呢？因为<td>之间的边框没有重合，所以我们看到的边框是 2 像素的宽度。使用 CSS 样式可以实现细线表格边框的效果，在下文中将具体讲述。

（2）<tr>标记的属性

通过对<table>标记应用各种属性，可以控制表格的整体显示样式，但是制作网页时，有时需要让表格中的某一行特殊显示，这时就可以为行标记<tr>定义属性，其常用属性如下。

- height：设置行高度，常用属性值为像素值。
- align：设置一行内容的水平对齐方式，常用属性值为 left、center、right。
- valign：设置一行内容的垂直对齐方式，常用属性值为 top、middle、bottom。
- bgcolor：设置行背景颜色，常用属性值为预定义的颜色值、#十六进制值、rgb(r,g,b)。

下面通过具体案例来应用行标记<tr>的常用属性效果。

【例 8-2】制作学生信息表。

主要代码如下。

```
<table border="1" width="400" height="240" align="center">
    <tr height="80" align="center" valign="middle" bgcolor="yellow">
            <td>姓名</td>
            <td>性别</td>
            <td>电话</td>
            <td>住址</td>
    </tr>
     <tr>
            <td>张三</td>
            <td>女</td>
            <td>13055555555</td>
            <td>北京</td>
    </tr>
</table>
```

运行完整的案例代码，效果如图 8-5 所示。

在以上代码中，通过<tr>的 height 属性设置了该行的高度，但是因为表格是一个整体，所以不能单独对某一行设置宽度。align 属性设置了该行内容的水平对齐方式，valign 属性设置了垂直对齐方式，bgcolor 设置了该行的背景颜色。以上属性都可以使用相应的 CSS 样式代替。

（3）<td>标记的属性

可以为单独的某个单元格<td>设置属性，具体属性如下。

- width：设置单元格的宽度，常用属性值为像素值。

- height: 设置单元格的高度，常用属性值为像素值。
- align: 设置单元格内容的水平对齐方式，常用属性值为 left、center、right。
- valign: 设置单元格内容的垂直对齐方式，常用属性值为 top、middle、bottom。
- bgcolor: 设置单元格的背景颜色，常用属性值为预定义的颜色值、#十六进制值、rgb(r,g,b)。
- colspan: 设置单元格横跨的列数（用于合并水平方向的单元格），常用属性值为正整数。

图 8-5　学生信息表

- rowspan: 设置单元格竖跨的行数（用于合并竖直方向的单元格），常用属性值为正整数。

与<tr>标记不同的是，<td>标记可以应用 width 属性，用于指定单元格的宽度；同时<td>标记还拥有 colspan 和 rowspan 属性，用于对单元格进行合并。

下面通过一个具体的表格案例说明单元格的合并方式。

【例 8-3】制作个人简介表格。

具体代码如下。

```html
<!DOCTYPE html>
<html>
    <head>
        <meta charset="utf-8">
        <title>个人简历</title>
    </head>
    <body>
        <table border="1" cellspacing="0" cellpadding="0" width="200">
            <caption>个人简介</caption>
            <tr height="50">
                <td>姓名</td>
                <td width="60"></td>
                <td rowspan="3" width="100">照片</td>
            </tr>
            <tr height="50">
                <td>年龄</td>
                <td></td>
            </tr>
            <tr height="50">
                <td>性别</td>
                <td></td>
            </tr>
            <tr height="80">
                <td colspan="3" align="left" valign="top">个人简介: </td>
            </tr>
        </table>
    </body>
</html>
```

运行完整的案例代码，效果如图 8-6 所示。照片所在单元格占据了 3 行，所以在该单元格第一次出现时设置 rowspan="3"，说明该单元格占据 3 行，后面两行中对应的该列的单元格<td>就可以删掉了。同样，最后一行占据了 3 列，只需对第一个单元格<td>标记应用 colspan="3"，后面的两对<td></td>就不需要再写了。

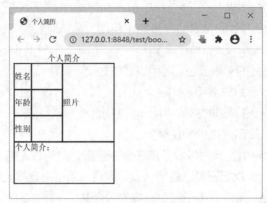

图 8-6　个人简介表格

二、CSS 控制表格样式

表格的标记属性虽然用起来很方便，但是更多的时候我们倾向于使用 CSS 来控制表格的外观，这样做也更加符合 Web 标准，尤其是表格还有其独有的样式属性，如 border-collapse 等。

1. CSS 控制表格边框样式

可以使用边框样式属性 border 为表格设置边框，但是要特别注意这里设置的只是表格元素整体的边框，单元格的边框还需要单独设置，例如，对例 8-1 的学生名单表格定义 CSS 样式，具体代码如下。

```
<style type="text/css">
    table{
        width: 280px;
        height: 160px;
        border: 1px solid;
        }
</style>
```

运行完整的案例代码，效果如图 8-7 所示。

图 8-7　为表格添加边框样式

继续为单元格设置相应的边框样式，具体代码如下。

```
td,th{border:1px solid;}     /*为单元格单独设置边框样式*/
```

保存 HTML 文件，刷新网页，效果如图 8-8 所示。

去掉单元格之间的空白距离，制作细线边框效果，具体代码如下。

```
table{
    width:280px;
    height:160px;
    border:1px solid;            /*设置 table 的边框*/
    border-collapse:collapse;    /*边框合并*/
}
```

保存 HTML 文件，刷新网页，效果如图 8-9 所示。

图 8-8 为单元格添加边框样式　　　　　　图 8-9 合并边框

样式属性 border-collapse 用来设置表格的边框是否合并为一个单一的边框。该属性默认取值为 separate，表示边框会被分开；取值为 collapse 时，表示表格边框会合并为单独的一条。

2. CSS 控制单元格间距

默认情况下，单元格的宽高是由单元格自身的内容来决定的，对单元格设置内边距 padding 样式，同样可以调整单元格内容和边框之间的距离。

仍然以例 8-1 为基础，在学生名单表格上添加如下样式。

```
<style type="text/css">
    table{
        border: 1px solid;
        border-collapse: collapse;
        }
    th,td{
        border: 1px solid;
        padding:20px 30px;
        }
</style>
```

运行完整的案例代码，效果如图 8-10 所示。

需要注意的是，对单元格设置 margin 无效。

表格还有一个独有的样式——border-spacing，它可以方便地设置相邻单元格边框之间的距离，但是仅限于"边框分离"模式，即 border-collapse 取默认值 separate 时有效，否则这个属性将被忽略。用法如下。

```
border-spacing:length;
```

示例如下。

```
table{      border-collapse:separate; border-spacing:50px 40px;          }
th,td{      border: 1px solid;        }
```

运行结果如图 8-11 所示。

图 8-10　使用 padding 调整单元格间距

图 8-11　border-spacing 样式属性

该样式属性主要用于调整各个单元格之间的距离，在局部小范围页面排版中可以运用。

3. CSS 控制单元格的宽高

表格是一个整体结构，其单元格的宽度和高度都会互相影响，所以在设置<tr>、<td>等标记的宽高属性时要考虑整体和部分的关系。

在例 8-1 学生名单的基础上做如下修改。

【例 8-4】改进学生名单表格。

设置 CSS 样式如下。

```
<style type="text/css">
        table{ border-collapse:collapse;border:1px solid #F00;width: 300px;        }
        th,td{  border: 1px solid;  }
        .one{  width:100px; height:60px;  }          /*定义单元格 one 的宽度与高度*/
        .two{  width:50px;  }                        /*定义单元格 two 的宽度*/
        .three{  height: 100px;  }                   /*定义单元格 three 的高度*/
</style>
```

在 body 部分分别为第一行的 3 个单元格应用不同的类。

```
<body>
    <table>
        <caption>学生名单</caption>
        <tr>
            <th class="one">姓名</th>
            <th class="two">性别</th>
            <th class="three">年龄</th>
        </tr>
        <tr>
            <td>张三</td>
            <td>男</td>
            <td>18</td>
        </tr>
        <tr>
            <td>李四</td>
```

```
            <td>女</td>
            <td>19</td>
        </tr>
    </table>
</body>
```

运行完整的案例代码，效果如图 8-12 所示。

图 8-12　CSS 样式下的学生名单表格

从图 8-12 中可以看出，对同一行中的单元格定义不同的高度，最终显示的高度将取其中的较大者，对同一列中的单元格定义不同的宽度时也是如此。所有单元格的宽度之和不能超出表格的整体宽度，一旦超出，则会按比例重新分配各列的宽度。

三、表格的应用

随着商业网站对移动设备适配的需求越来越迫切，表格在网页中的应用越来越少了，除了展示数据，有时也会用来进行小范围的布局排版。

1. 展示数据

在网页中，表格主要用来呈现二维数据，使用细线表格可以清晰地展示数据。例如，天气预报页面就是用表格将各地的天气信息展示出来，如图 8-13 所示。

市	县/区	今天周一 (01月20日) 白天			今天周一 (01月20日) 夜间		
		天气状况	风力风向	最高温度	天气状况	风力风向	最低温度
济南	济南	少云	西南偏西风 2	6℃	局部多云	西南偏西风 2	-5℃
	长清	局部多云	北风 2	5℃	局部多云	北风 2	-5℃
	商河	局部多云	西北风 2	7℃	局部多云	西北风 2	-6℃
	章丘	局部多云	西北偏北风 2	8℃	局部多云	西北偏风 2	-4℃
	平明	少云	东北偏北风2	6℃	局部多云	东北偏北风2	-4℃
	济阳	少云	东北偏北风 2	4℃	局部多云	东北偏北风 2	-7℃

图 8-13　天气预报页面

该网页使用了单元格的合并属性，以及斑马底纹等样式。

【例 8-5】制作天气预报页面。

（1）根据表格结构在 HTML 中写好行、列的结构，以及每个单元格的内容。

```
    <table>
        <caption>济南市天气预报</caption>
```

```
        <tr class="grayrow">
            <td rowspan="2">市</td>
            <td rowspan="2">县/区</td>
            <td colspan="3">今天白天天气情况</td>
        </tr>
        <tr class="grayrow">
            <td>天气情况</td>
            <td>风力方向</td>
            <td>最高温度</td>
        </tr>
        <tr>
            <td rowspan="6">济南</td>
            <td>济南</td>
            <td><img src="img/morecloudy.png">少云</td>
            <td>西南偏西风</td>
            <td>6&deg;</td>
        </tr>
        <tr class="grayrow">
            <td>长清</td>
            <td><img src="img/sunny.png"> 晴</td>
            <td>北风</td>
            <td>3&deg;</td>
        </tr>
        <tr>
            <td>商河</td>
            <td><img src="img/partlycloudy.png">局部多云</td>
            <td>北风</td>
            <td>5&deg;</td>
        </tr>
        <tr class="grayrow">
            <td>章丘</td>
            <td><img src="img/rainy.png" >阵雨</td>
            <td>北风</td>
            <td>6&deg;</td>
        </tr>
            <tr>
            <td>平阴</td>
            <td><img src="img/rainy.png" >阵雨</td>
            <td>北风</td>
            <td>5&deg;</td>
        </tr>
        <tr class="grayrow">
            <td>济阳</td>
            <td><img src="img/sunny.png" >晴</td>
            <td>西北偏西风</td>
            <td>0&deg;</td>
        </tr>
    </table>
```

在以上代码中，使用 rowspan、colspan 属性规定了单元格如何合并，°是可以替代摄氏度（°）符号的代码（详细见任务 4-2），单元格中的图片直接使用行内标记<img>引入即可，图片的大小可以通过 CSS 修改。同时，由于表格采用了斑马底纹样式，所以需要给部分<tr></tr>定义类，设置特殊的背景色。

（2）在 CSS 中写入如下样式。

```
<style type="text/css">
    table{ border: 0.5px solid #808080;border-collapse: collapse; margin: 0 auto;}
    td{border: 0.5px solid #808080;width: 140px;      height: 40px; font-family:
"微软雅黑";font-size: 14px;text-align: center;}
    td img{ height:30px ; vertical-align: middle;}
    .grayrow{ background: #eee;}
</style>
```

2. 页面布局

由于表格有结构稳定、横平竖直、对齐方便等特点，因此在早先的网页制作中经常使用表格进行页面布局。但是由于表格布局只适用于形式单调、内容简单的网页，并且页面结构调整起来很不方便，所以现在很少使用，只是偶尔在网页的局部区域使用，利用表格的行列关系，在单元格中放置合适的内容，<table>、<tr>、<td>标记就已足够。

图 8-14　网上商城快捷
入口页面效果

例如，网上商城首页快捷入口部分（见图 8-14）的内容正好为 3 行2 列，图片和文本在各自占据的区域内水平垂直居中对齐，所以可以使用表格布局。

（1）创建盒子容器，写入表格结构。

```
<div id="tool">
    <table>
        <tr>
            <td><img src="img/tool-1.png" ><span>小米秒杀</span></td>
            <td><img src="img/tool-2.png" ><span>企业团购</span></td>
            <td><img src="img/tool-3.png" ><span>F 码通道</span></td>
        </tr>
        <tr>
            <td><img src="img/tool-4.png" ><span>米粉卡</span></td>
            <td><img src="img/tool-5.png" ><span>以旧换新</span></td>
            <td><img src="img/tool-6.png" ><span>话费充值</span></td>
        </tr>
    </table>
</div>
```

（2）根据容器大小调整表格里各部分区域的 CSS 样式。

```
<style type="text/css">
    #tool{
        width: 300px;
        background: #808080;}
    #tool td{
        border: 0.5px solid #a0a0a0;
        width: 100px;}
    #tool tr{   height: 110px; }
    #tool img{  display: block; margin: 2px auto;}
```

```
          #tool span{ display: block; margin: 4px auto; color: #CCC; text-align:
center; font-family: "微软雅黑"; font-size: 12px;}
     </style>
```

此部分大量使用了后代选择器，主要作用是独立指定快捷工具区域的页面元素，而其他容器中的元素不受影响。

（3）在 CSS 中设置鼠标指针的动态效果。如果鼠标指针在某个快捷工具上停留，我们希望鼠标指针有响应，并且该部分的文字或者图片外观能够发生改变。添加如下样式。

```
     #tool td:hover span{ color: #fff; cursor: pointer;}
```

需要说明的是，在实际开发中，上述表格中的图标我们往往不引入外部图片，而是使用图标字体库里的字符来代替，如 Font Awesome，所以它们也可以像普通文字一样方便地改变大小和颜色，本任务中不再扩展讲述。

【项目实践】

1. 制作招聘网页

模仿天气预报网页，完成图 8-15 所示的招聘网页效果。

职位名称	岗位类别	岗位性质	学历	学位	专业名称	招聘人数	应聘
教师1	专业技术岗位	教育类	博士研究生	博士	马克思主义理论	3	应聘
教师2	专业技术岗位	教育类	博士研究生	博士	历史学	1	应聘
教师3	专业技术岗位	教育类	博士研究生	博士	工商管理	1	应聘
教师4	专业技术岗位	教育类	博士研究生	博士	应用经济学	1	应聘
教师5	专业技术岗位	教育类	博士研究生	博士	工商管理	1	应聘
教师6	专业技术岗位	教育类	博士研究生	博士	应用经济学	1	应聘

图 8-15　招聘网页效果

分析：这是一个简单的表格信息展示。随着鼠标指针移至某一行，该行高亮显示。

（1）完成页面元素的搭建。

```
<table>
    <tr>
        <th>职位名称</th><th>岗位类别</th>
        <th>岗位性质</th><th>学历</th>
        <th>学位</th><th>专业名称</th>
        <th>招聘人数</th><th>应聘</th>
    </tr>
    <tr>
        <td>教师 1</td><td>专业技术岗位</td>
        <td>教育类</td><td>博士研究生</td>
        <td>博士</td><td>马克思主义理论</td>
        <td>3</td><td><a href="#">应聘</a></td>
    </tr>
```

```
    <!--省略若干行-->
</table>
```

（2）添加 CSS 样式，可参照如下代码。

```
<style type="text/css">
    table{ border-collapse: collapse; margin: 0 auto;}
    tr{border: 0.5px solid #808080;}
    td,th{width: 140px;        height: 40px;font-family: "微软雅黑";font-size:
14px;text-align: center;}
    td img{ height:30px ; vertical-align: middle;}
    tr:nth-child(2n){ background: #eee;}
    tr:hover{background: #E2F1F8;}
    td a{display:block;width:60%;border: 1px solid #009; border-radius: 6px;}
</style>
```

在以上代码中，伪类 tr:nth-child(2n)指的是偶数位置的子元素，tr:nth-child(2n+1)是指奇数位置的子元素。

2. 完成网上商城首页快捷工具的部分内容

在前面已经完成页面布局的页面中找到快捷工具所在的盒子容器，完成图 8-16 所示的快捷工具部分的页面内容。

要求：在每个单元格内部设置超链接，鼠标指针悬停时变为手形，该区域文字的颜色变为纯白色（#fff）。

图 8-16　网上商城首页快捷菜单效果

制作思路如下。

（1）在快捷工具容器内写入元素。

```
<div class="con" id="tool">
    <!-- 快捷工具 -->
    <table>
        <tr>
            <td><img src="img/tool-1.png" ><span>小米秒杀</span></td>
            <td><img src="img/tool-2.png" ><span>企业团购</span></td>
            <td><img src="img/tool-3.png" ><span>F码通道</span></td>
        </tr>
        <tr>
            <td><img src="img/tool-4.png" ><span>米粉卡</span></td>
            <td><img src="img/tool-5.png" ><span>以旧换新</span></td>
            <td><img src="img/tool-6.png" ><span>话费充值</span></td>
        </tr>
    </table>
</div>
```

由于该盒子在页面布局中作为网格容器的第一个子元素,因此为方便起见,又为其定义了 id 属性 tool。

（2）添加部分 CSS 样式如下，超链接功能读者自行添加。

```
        #tool{ background: #808080;}
        #tool table{width: 100%; height: 100%;}
        #tool td{border: 0.5px solid #a0a0a0;}
        #tool img{ display: block; margin: 2px auto; width: 30%;}
        #tool span{ display: block; margin: 4px auto; color: #CCCCCC; text-align: center;
font-family: "微软雅黑"; font-size: 10px;}
```

【小结】

　　表格的最大特点是横平竖直、结构清晰，对于信息的存放和展示都比较直观，但是它的缺点也是非常明显的，如行列布局不够灵活、内容不容易被搜索引擎抓取等。所以在网页开发过程中，表格要按需使用，做好取舍。

【习题】

一、选择题

1. 要设计跨行表格，可以为表格中的 td 标记添加（　　）。

A. tablespan 　　　　B. rowspan 　　　　C. colspan 　　　　D. span

2. 表格的表头又叫作标题列，使用（　　）标记定义。

A. tr 　　　　　　　B. td 　　　　　　C. th 　　　　　　D. table

3. 设置表格的单元格的内填充值为上下 10px，左右 15px 的方法是（　　）。

A. padding:10px 15px 　　　　　　B. margin:10px 15px

C. margin:15px 10px 　　　　　　D. padding:15px 10px

4. 下列表格标记中有且只能有一个的标记是（　　）。

A. <tr> 　　　　　B. <td> 　　　　C. <caption> 　　　D. <th>

5. 表格行中的每个数据列都要独立使用（　　）标记设计。

A. tr 　　　　　　　B. td 　　　　　　C. th 　　　　　　D. table

6. 用于设置表格单元格竖直对齐方式的样式属性是（　　）。

A. width 　　　　　B. height 　　　　C. text-align 　　　D. vertical-align

7. 用于设置表格单元格水平对齐方式的样式属性是（　　）。

A. width 　　　　　B. height 　　　　C. text-align 　　　D. vertical-align

二、思考题

本项目讲到的两种表格应用方式，使用其他方法能实现吗？如何实现？

项目9
网页中表单元素的应用

【情境导入】

小王觉得他的网上商城网站还需要添加一个用户注册页面，李老师告诉他搜索引擎页面、用户登录页面、用户注册页面使用的都是表单元素。表单在网页中主要实现数据采集功能，当用户填写了相应信息后，这些信息会经过表单服务器提交到网站的后台，后台管理人员可以经过一系列操作获取用户输入的信息来判断是否允许用户登录或注册。

【任务提出】

大多数网站都具备搜索功能、用户登录和注册功能，小王在网上商城网站中也设计了相应的功能模块，如图9-1和图9-2所示。在本任务中将学习表单的相关标记及样式属性。

图 9-1　网上商城的搜索模块

图 9-2　用户注册界面

【学习目标】

📖　**知识点**

- 掌握表单的基本用法及各种表单控件。

- 掌握 HTML5 自带的表单验证功能。
- 掌握表单样式的应用。

📖 **技能点**

- 能够熟练制作表单。
- 能够熟练使用各种表单控件。
- 能够根据需要设计表单样式。

📖 **素养点**

- 培养用户思维。

【相关知识】

表单在网页中主要实现数据采集功能，在实际开发中要和后台程序关联应用，我们目前制作的是表单的前台页面，不具备后台处理数据的功能。

一、表单的组成

微课 9-1

表单

表单是网页上用于输入信息的区域，它的主要功能是收集用户信息，并将这些信息传递给后台服务器，实现网页与用户的沟通。一个完整的表单通常由表单域、表单控件、提示信息 3 个部分构成。

1. 表单域

表单域相当于一个容器，用来容纳所有的表单控件和提示信息。表单域可以定义处理表单数据所用程序的 URL 地址，以及数据提交到服务器的方法。如果不定义表单域，表单中的数据就无法传送到后台服务器。

2. 表单控件

表单控件也称为表单元素，其包含了具体的表单功能项，如单行文本的文本框、密码文本框、复选框、单选按钮、提交按钮及普通按钮等。

3. 提示信息

一个表单中通常还需要包含一些说明性的文字，如"请输入用户名"等类似信息，提示用户进行操作。

二、创建表单

HTML 中使用<form>标记来表示表单，表单里的元素都需要放在<form>和</form>标记之间。具体语法如下。

```
<form action="url 地址" method="提交方式" name="表单名称">
    各种表单控件和提示信息
</form>
```

在上面的语法中，<form>与</form>之间的内容是由用户自定义的，action、method 和 name 为表单标记<form>的常用属性，另外 HTML5 中还新增了 autocomplete 等属性，具体用法如下。

1. action 属性

在表单收集到信息后，需要将信息传递给服务器进行处理，action 属性用于指定接收并处理表单数据的服务器程序的 URL 地址。示例如下。

```
<form action="login.php">…</form>
```

该段代码表示当提交表单时，表单数据会传送到当前路径下的"login.php"页面去处理。

action 的属性值可以是相对路径或绝对路径，还可以为接收数据的邮箱地址。示例如下。

```
<form action=mailto:xxx@163.com>…</form>
```

表示当提交表单时，表单数据会以电子邮件的形式传递出去。

当不设置 action 属性，或者设置 action 值等于空字符串（即 action=""）时，表单数据将提交给当前页面。

2. method 属性

method 属性用于设置表单数据的提交方式，其取值为 get 或 post。其中 get 为默认值，这种方式提交的数据将显示在浏览器的地址栏中，保密性差。通过 get 提交数据，用户名和密码将以明文形式出现在 URL 上，且 get 方式提交的数据最多只能是 1 024 字节。post 方式的保密性好，并且无数据量的限制，使用 method="post"可以大量地提交数据。

示例如下。

```
<!-- get 方式提交表单 -->
<form action="" method="get" name="loginform">
    <!-- 文本框 -->
    <input name="username">
    <!-- 提交按钮 -->
    <button type="submit" name="submit">提交</button>
</form>
```

运行后在文本框中输入"张三"，提交表单后的结果如图 9-3 所示。

由图 9-3 可以看出，get 方式提交的表单数据会显示在浏览器的地址栏中，表单数据会添加到 action 所指向的 URL 后面，并且两者使用"?"连接，而各个变量之间使用"&"连接。这样，用户就可以在浏览器上直接看到提交的数据，保密性比较差，并且现今很多服务器、代理服务器或者用户代理都会将请求 URL 记录到日志文件中，然后放在某个地方，这样可能会有一些隐私信息被第三方看到，很不安全。所以 get 主要用于向服务器请求数据，例如，查询，一般是用 get 方法提交查询条件。

如果将 method 属性的值换成"post"，则本地提交表单测试后浏览器上会出现图 9-4 所示的错误信息。

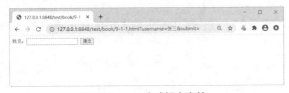

图 9-3　get 方式提交表单

图 9-4　post 方式提交表单数据

为什么会提示"Cannot POST"呢？这是因为 post 是向服务器传送数据的，我们在上面的代码中还没有配置服务器处理该表单的文件，所以会提示"无法传送表单数据"，如果配置了服务器端处理表单数据的程序，那么数据将会被顺利处理。

从这一点上看 post 和 get 是不同的，post 将表单内各字段名称与其内容放置在 HTML 表头中一起传送给服务器端，交由 action 属性指向的程序，所有操作对用户来说都是不可见的，保密性较好。出于安全性考虑，向服务器提交数据时最好使用 post。

3. name 属性

name 属性用于指定表单的名称，以区分同一个页面中的多个表单，为在脚本中引用表单提供方便。

4. autocomplete 属性

autocomplete 属性是 HTML5 中的新属性，用于指定表单是否具有自动完成功能。"自动完成"是指将表单控件输入的内容记录下来，再次输入时，输入的历史记录会显示在一个下拉列表中，以实现自动完成输入。autocomplete 属性有 2 个值，可以控制表单的自动完成功能是否开启，具体如下。

- on：表单开启自动完成功能。
- off：表单关闭自动完成功能。

例如，表单开启自动完成功能之后文本框输入的效果如图 9-5 所示。

图 9-5　表单的自动完成功能

三、表单控件

表单控件用于定义不同的表单功能，如密码文本框、文本域、下拉列表、复选框等，最常见的表单控件是 input 控件。

1. input 控件及其属性

浏览网页时经常会看到单行文本的文本框、单选按钮、复选框、提交按钮、重置按钮等，定义这些元素就需要使用 input 控件，其基本语法格式如下。

```
<input type="控件类型"/>
```

在上面的语法中，<input />标记为单标记，是行内元素，但又与一般的行内元素不同，它不形成新的行块，左右可以有其他元素，但是可以设定 width 和 height，有内在尺寸。type 属性是<input/>标记最基本的属性，其取值有多种，用于指定不同的控件类型。

（1）type 属性

① 常用的 type 属性值如下。

- text：默认值，单行文本的文本框。
- password：密码文本框。
- hidden：隐藏域，在页面中对用户是不可见的，在表单中插入隐藏域的目的是收集或发送信息，为处理表单的程序服务。
- radio：单选按钮。
- checkbox：复选框。
- file：文件域。
- button：普通按钮。
- submit：提交按钮。
- reset：重置按钮。
- image：图像形式的提交按钮。

图 9-6 所示是一个注册登录界面，里面用到了多个 input 控件，并使用了相应的 CSS 样式。

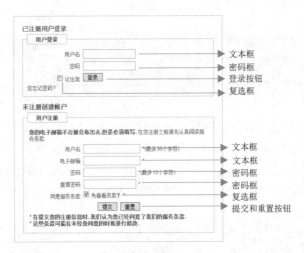

图 9-6　注册登录界面

② HTML5 还新增了一些 type 属性值，具体如下。

（a）email：邮箱。<input type="email">提供了默认的电子邮箱的完整验证。要求必须包含@符号，同时必须包含服务器名称，如果不能满足验证，则会阻止当前数据的提交。

（b）url：网址。 <input type="url ">验证输入的网址是合法的，要求必须包含 http://。

（c）number：数字。只能输入数字（包含小数点），不能输入其他的字符。可以用 max 属性设置最大值，min 属性设置最小值，value 属性设置默认值。示例如下。

数量: <input type="number" value="60" max="100" min="0">

（d）range：滑块，可以通过刻度滑动来赋值。示例如下。

<input type="range" max="100" min="0" value="50">

其中 max 属性用于设置滑块控件的最大值，min 属性用于设置滑块控件的最小值，value 指定默认值。

（e）color：颜色。<input type="color">的作用为生成一个颜色选择器，用户可以选择颜色，可通过获取此标记的 value 值来获取颜色信息。

（f）time/date/month/week：与日期和时间相关的值。

<input type=" time|date|month|week ">由浏览器根据自己的设计给出时间、日期、月份或者周等选择框，在订飞机票、选择出生日期等场合都可以使用。

以上控件类型在浏览器中的效果如图 9-7 所示。

图 9-7　HTML5 新增 type 控件的效果

对<input/>标记定义 type 属性就可以在前端页面中按默认外观显示表单控件了，但是为了与服务器进行数据传递，除了 type 属性之外，<input />标记需要定义一些其他属性，如 name、value 等。

（2）name 属性

name 属性由用户自定义，表示控件的名称，每个表单控件都要用一个 name 属性表示，这是因为 Web 服务器会根据表单控件的 name 属性来判断传递给服务器的值来自哪个控件。为了保证数据的准确采集，需要为每个表单控件定义一个独一无二的名称，但是同为一个组的单选按钮可以共用一个 name。

```
        <form action="" name="loginform">
            姓名: <input name="username">
            <input type="submit" name="sbtn">
        </form>
```

（3）value 属性

value 属性表示表单提交后该 input 控件上传给服务器的数据。

不同类型的控件，value 值的表现形式稍有不同。对于文本框来说，value 属性值表现为文本框中显示的默认值。对于 button 普通按钮、submit 提交按钮、reset 重置按钮来说，value 属性的值表现为按钮上显示的文本，而对于 radio 单选按钮、checkbox 复选框来说，value 属性只是表单提交后上传给服务器的数据。

```
        <form action="" name="loginform">
            姓名: <input name="username" value="张三"><br>
            性别: <input type="radio" value="male" name="sex">男
                <input type="radio" value="famale" name="sex">女
                <br>
                <input type="submit" name="sbtn" value="登录">
        </form>
```

注意在以上代码中，单选按钮的两个选项使用了相同的 name，表示它们属于同一组数据，每一个选项选中后传递不同的值给服务器。

运行结果如图 9-8 所示。

（4）其他重要属性

表单控件还有以下几个重要属性。

- checked: 设置单选按钮、复选框的初始状态为首次加载时处于选中状态。示例如下。

```
<input type="radio" value="famale" name="sex" checked="checked">女
```
或者直接写成如下形式。
```
<input type="radio" value="famale" name="sex" checked>女
```
该选项默认被选中。

- disabled: 设置首次加载时禁用此元素。当 type 为 hidden 时不能指定该属性。禁用时，该控件显示为灰色。
- readonly: 指定文本框内的值不允许用户修改（可以使用 JS 脚本修改）。
- placeholder: 提供用户填写输入字段的提示信息，该值仅用于提示，当控件获取焦点时提示信息自动消失；与 value 属性值不同，value 值是用户事先定义好的控件上传给服务器的数据。

图 9-9 所示的两个文本控件分别使用了 placeholder 和 value 属性，二者在显示上也是完全不同的。

图 9-8　不同表单控件的 value 属性值

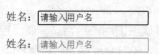

图 9-9　placeholder 和 value 属性效果对比

下面通过一个案例来演示 input 控件及其属性的用法和效果。

【例 9-1】制作学生信息采集表单。

在 body 中写入如下代码。

```
<form action="" method="post">
    用户名:
    <input type="text" name="username" value="张三" readonly /><br /><br />
    密码:
    <input type="password" name="pw" placeholder="请输入六位密码"/><br /><br />
    性别:
    <input type="radio" name="sex" value="boy" checked="checked" />男
    <input type="radio" name="sex" value="girl" />女<br ><br >
    兴趣:
    <input type="checkbox" name="fv" value="sing" />唱歌
    <input type="checkbox" name="fv" value="dance" />跳舞
    <input type="checkbox" name="fv" value="swim" />游泳<br /><br />
    上传头像:
    <input type="file" disabled /><br /><br />
    <input type="submit" name="bt1" />
    <input type="reset" name="bt2" />
    <input type="button" name="bt3" value="普通按钮" />
    <input type="image" name="bt4" src="img/shopcar2.png" width="20"/>
    <input type="hidden" />
</form>
```

运行完整的案例代码，效果如图 9-10 所示。

图 9-10 学生信息采集表单

微课 9-2

焦点转移

（5）焦点转移

在上面的案例中使用了各种 input 控件，单击控件会获得焦点。为提供更好的用户体验，常常需要将<input/>联合<label>标记使用，以扩大控件的选择范围。例如，在选择性别时，我们希望单击提示文字"男"或者"女"，也可以选中相应的单选按钮，在单击提示文字"用户名:"时，希望光标会自动移动到用户名文本框中，省去了用户自己定位的麻烦。这时就需要使用<label>标记进行焦点转移。

标记本身不会向用户呈现任何特殊效果，但是单击 label 元素内的内容，浏览器会自动将焦点转到和该标记绑定的其他表单控件上。绑定的方法是使用 for 属性指定相关元素的 id 值。

【例 9-2】转移表单控件焦点。

在 body 中写入如下代码。

```
<form action="" method="post">
    用户名:
```

```
                        <label for="username">
                            <input type="text" name="uname" id="uname" />
                        </label>
                        <br>
                        性别:
                        <label for="boy">
                            <input type="radio" name="sex" id="boy" value="boy" />男
                        </label>
                        <label for="girl">
                            <input type="radio" name="sex" id="girl" value="girl" />女
                        </label>
                        <br>
                        <label for="uname">
                            切换用户
                        </label>
                </form>
```

运行完整代码后的效果如图 9-11 所示。在页面中，当用户单击文字"男"时，对应的单选按钮也会被选中，单击"切换用户"后光标会出现在用户名的文本框中，为用户提供更为便捷的体验。

2. 其他表单控件

input 是一个庞大和复杂的元素，但它并不是唯一的表单控件。除此之外，还有 button、select、option、optgroup、textarea、fieldset、legend 等传统表单控件和 datalist、progress、meter、output、keygen 等 HTML5 新增表单控件。

图 9-11　焦点转移

（1）button 控件

<button>标记可以定义一个按钮，它是双标记，在<button>和</button>之间可以放置内容，如文本或图像。

<button>与<input type="button"> 相比，<button>的功能更为强大，内容更为丰富。具体用法如下。

```
<button name="名称" type="按钮类型" value="初始值" >
        按钮文本、图像或多媒体
</button>
```

其中，type 属性用来指定按钮类型，其值有以下 3 种。

- button: 普通按钮。
- submit: 提交按钮。
- reset: 复位重置按钮。

value 属性用来设置按钮的初始值，但是在表单中使用该标记生成按钮并提交以后，不同的浏览器提交给服务器的值是不一样的，IE 浏览器提交<button>与</button>之间的文本，其他浏览器提交的是 value 属性的内容。

（2）textarea 多行文本

如果在表单页面中需要用户输入大量文本，单行文本框就满足不了需求了，通过 textarea 控件可以轻松地创建多行文本的文本框，其基本语法格式如下。

```
<textarea >文本内容</textarea>
```

文本区域中可容纳无限数量的文本,文本区域无法同时显示全部文本时会自动添加滚动条。cols 和 rows 属性可以规定 textarea 的尺寸大小,如<textarea cols="60" rows="8"></textarea>,但是更好的办法是使用 CSS 的 height 和 width 样式属性。

图 9-12　下拉菜单

（3）select 下拉菜单及分组

在 HTML 中,要想制作图 9-12 所示的下拉菜单,就需要使用 select 控件。

使用 select 控件定义下拉菜单的基本语法格式如下。

```
<select>
    <option>选项 1</option>
    <option>选项 2</option>
    <option>选项 3</option>
    …
</select>
```

也可以通过属性设置来改变下拉菜单的外观显示效果。

① <select>的属性如下。

* size: 指定下拉菜单的可见选项数（取值为正整数）。
* multiple: 定义 multiple="multiple"时,下拉菜单将具有多项选择的功能,方法为在按住 Ctrl 键的同时选择多项。

② <option>的属性如下。

selected: 定义 selected =" selected "时,当前项即为默认选中项。

【例 9-3】制作下拉菜单。

```
<form action="" method="post">
    <p>请选择所在城市: </p>
    <select name="city" >
        <option value="bj">北京</option>
        <option value="sh" selected>上海</option>
        <option value="tj">天津</option>
        <option value="wh">武汉</option>
        <option value="jn">济南</option>
    </select>
    <input type="submit" value="提交"/>
</form>
```

如果想制作滚动菜单效果,则可为 select 标记设置 size 和 multiple 属性。

```
<select name="city" size="5" multiple>…</select>
```

分别运行完整的案例代码,效果如图 9-13 所示。

在实际网页开发过程中,有时候由于选项过多,还需要对下拉菜单中的选项进行分组。图 9-14 所示为选项分组后的下拉菜单展示效果。

图 9-13　下拉菜单和滚动菜单效果　　　图 9-14　下拉菜单分组效果

要想实现该效果,可以在下拉菜单中使用<optgroup></optgroup>标记进行分组,并使用 label 属性规定每一组的名称,具体代码如下。

```html
<form action="" method="post">
    <p>请选择所在区域: </p>
    <select>
        <option>--请选择--</option>
        <optgroup label="北京">
        <option>东城区</option>
        <option>西城区</option>
        <option>朝阳区</option>
        <option>海淀区</option>
        </optgroup>
        <optgroup label="天津">
        <option>和平区</option>
        <option>河东区</option>
        <option>河西区</option>
        </optgroup>
    </select>
</form>
```

运行完整的代码,即得到图 9-14 所示的效果。

（4）fieldset 表单分组

当一个表单需要的字段内容较多时,需要合理地对内容进行分组,这样整体看起来更加有组织性。表单分组可以使用<fieldset>和<legend>元素,二者都是双标记,通过<fieldset>标记可将表单中的一部分相关元素打包分组,重新设置 CSS 样式使浏览器以特殊方式显示这组表单字段,如特殊边界、3D 效果等,甚至可创建一个子表单来处理这些元素。<legend>则用来设置分组标题,它们本身不参与数据的交互操作。

【例 9-4】制作分组表单。

在 body 中写入如下代码。

```html
<form action="" method="post">
    <fieldset id="st">
        <legend>学生信息</legend>
        <p>姓名: <input type="text" name="stuName" /></p>
        <p>性别: <input type="radio" name="sex" value="male" />男
        <input type="radio" name="sex" value="female" />女</p>
        <p>年龄: <input type="number" name="stuAge" max="25" /></p>
    </fieldset>
    <fieldset id="p1">
        <legend>父亲信息</legend>
        <p>姓名: <input type="text" name="fName"/></p>
        <p>年龄: <input type="text" name="fAge"/></p>
        <p>职业: <input type="text" name="fPro"/></p>
    </fieldset>
    <fieldset id="p2">
        <legend>母亲信息</legend>
        <p>姓名: <input type="text" name="mName"/></p>
        <p>年龄: <input type="text" name="mAge"/></p>
        <p>职业: <input type="text" name="mPro"/></p>
    </fieldset>
```

```
            <input type="submit" value="提交"/>
            <input type="reset" value="重置"/>
        </form>
```

运行完整代码，效果如图 9-15 所示。

由图 9-15 可以看出，表单内容分为 3 组，<fieldset>默认显示边框效果，<legend>默认位于左上角，可以在此基础上继续进行 CSS 其他样式的设置，如 3 组表单控件水平排列、设置圆角边框等。

除了以上介绍的表单控件之外，HTML5 还新增了 datalist、progress、meter、output、keygen 等众多表单控件，更多时候它们需要与脚本结合使用才能发挥功能，在此不做讲述。

图 9-15　表单分组效果

四、HTML5 自带表单验证

我们在使用表单时为了减轻后台数据传送的压力，提高数据传送的质量和效率，往往需要在表单中的输入数据被送往服务器前对其进行验证。HTML5 自带了一些表单验证功能，如验证输入数据是否为空，输入的邮箱格式是否正确等。

1. input 验证

在 input 标记中可通过 type 属性指定控件类型。

- email：指定输入内容为电子邮件地址。
- url：指定输入内容为 URL。
- number：指定输入内容为数字，并可通过 min、max、step 属性指定最大值、最小值及间隔。
- date、month、week、time、datetime、datetime-local：指定输入内容为相应日期相关类型。
- color：指定控件为颜色选择器。

如果没有按照预定格式进行输入，则在单击"提交"按钮时会触发错误的验证信息。示例如下。

```
<input id="u_email" name="u_email" type="email"/>
```

验证效果如图 9-16 所示。

图 9-16　input 验证效果

2. 其他验证

在需要添加非空验证的元素上添加 required 属性可以进行非空验证。示例如下。

```
用户名<input type="text" required>
```

在单击"提交"按钮时，如果文本框中未能输入数据，则触发非空的提示信息。页面效果如图 9-17 所示。

还可以使用 pattern 正则验证表单输入的内容是否合法，规定 pattern 属性来指定输入内容必须符合指定模式（正则表达式）。示例如下。

```
<input id="phone_num" name="phone_num" type="text" pattern="\d{3}-\d{4}-\d{4}"
placeholder="xxx-xxxx-xxxx"/>
```

若输入格式不符合正则表达式规定的格式，则给出相应错误提示。如果需要添加自定义提示，则添加 title 属性即可，如图 9-18 所示。

图 9-17 非空验证效果

图 9-18 正则表达式验证效果

关于正则表达式的书写规则，读者可以自行查阅相关资料，本书不做重点讲述。

3. novalidate 属性

HTML5 加强了表单验证功能，可验证表单控件是否可空，以及输入内容的类型与格式是否符合规定，还可为表单或控件设置 novalidate 属性来指定在提交表单时是否取消对表单或者某个控件进行有效的检查。为表单设置该属性时，可以关闭整个表单的验证，这样可以使 form 内的所有表单控件不被验证。同样，为指定的某个 input 控件设置该属性时，关闭该 input 控件的验证。

【例 9-5】HTML5 关闭自带表单验证。

在以下代码中为 form 标记添加 novalidate 属性。

```
<form action="" method="get" novalidate>
    <input type="text" name="user_name" required />
    <input type="number" name="user_age" />
    <input type="submit" />
</form>
```

运行后，该表单内的所有表单控件将不被验证。

五、表单样式的应用

表单是和用户直接交互的窗口，用户体验非常重要，几乎每一个表单都需要样式的修饰，同时还要尽可能做到对用户操作的指引。

1. 表单中的常用选择器——属性选择器

表单中需要大量使用<input>标记，而且不同类型的 input 控件往往有不同的样式，所以在定义 CSS 时经常要定位到具体的某个或者某几个 input 元素，在这种情况下使用以前学过的选择器效率不高。

属性选择器根据元素的属性和属性值来匹配元素，在为不带有 class 或 id 的元素设置样式时特别有用。示例如下。

```
input[type="text"]{
    width:150px;
```

```
        display:block;
    }
input[type="button"]{
        width:120px;
        margin-left:35px;
        display:block;
    }
```

以上代码分别为表单中的文本框和普通按钮定义了样式。

属性选择器有多种使用方法，具体如下。

（1）简单属性选择器

如果希望选择有某个属性的元素，而不论属性值是什么，则可以使用简单属性选择器。

例如，把包含 value 属性的所有元素变为红色，可以写成如下形式。

```
*[value] {color:red;}
```

把包含 type 属性的 input 元素宽度都设成 100px，可以写成如下形式。

```
input[type]{width:100px;}
```

还可以根据多个属性进行选择。例如，要将同时有 href 和 title 属性的 HTML 超链接的文本设置为红色，可以写成如下形式。

```
a[href][title] {color:red;}
```

（2）根据具体属性值选择

为了进一步缩小选择范围，可以只选择有特定属性值的元素。示例如下。

```
input[type="text"]{color:red;}
```

这种方法要求属性与属性值必须完全匹配。

（3）根据部分属性值选择

如果需要根据属性值中的某个词进行选择，可以使用波浪号（～）。

例如，input[name= "～stu"]可以选取 name 属性值包含 stu 的 input 元素。

除此之外，还有更多的子串匹配属性选择器，常用的子串匹配属性选择器如表 9-1 所示。读者可以自己尝试。

表 9-1 常用子串匹配属性选择器

类型	描述
[abc^="def"]	选择 abc 属性值以"def"开头的所有元素
[abc$="def"]	选择 abc 属性值以"def"结尾的所有元素
[abc*="def"]	选择 abc 属性值中包含子串"def"的所有元素

2. 注册登录表单的设计

几乎所有的网站都提供了用户注册登录的功能，这就需要事先设计注册登录表单。一个好的 Web 表单设计需要合理、有层次地组织信息，设计清晰的浏览线，以及合理的标签、提示文字与按钮的排布，避免不必要的信息重复出现，降低用户的视觉负担。一般来说，要包括以下几个部分。

- 标签：告诉用户这里应该输入的元素是什么，如姓名、电话、地址。
- 输入域：可交互的输入区域，如文本框。
- 提示信息：提示信息是对标签进行额外的信息描述，如输入信息的范例、填写帮助。

- 反馈：告知用户当前操作可能或已出现的问题，如错误提示、必填项提示等。
- 动作按钮：动作按钮在表单的结尾，如提交、下一步、重置。

图 9-19 所示为一个注册表单，下面分步完成。

【例 9-6】制作用户注册表单。

（1）在 HTML 中写入各个元素。

图 9-19　注册表单

```html
<body>
    <div class="container">
        <form action="#">
            <h3>用户注册</h3>
            <span>用户名</span><input type="text" name="username" required />
            <span>邮箱</span><input type="email" name="email" required placeholder=
"xxx@xxx.com" />
            <span>手机号</span><input type="tel" name="tel">
            <span>网址</span><input type="url" name="url">
            <span>所在城市</span><select name="city">
                        <option value="0">北京</option>
                        <option value="1">上海</option>
                        <option value="2">杭州</option>
                        <option value="3">济南</option>
                        <option value="4">深圳</option>
                    </select>
            <input type="submit" />
        </form>
    </div>
</body>
```

（2）为页面元素添加 CSS。

```css
<style>
    *{margin: 0;padding: 0;}
    .container{width: 400px;margin: 30px auto;font-family: "微软雅黑"; }
    h3{text-align: center;}
    input,select{
            display: inline-block;
            box-sizing: border-box;
            width: 240px;
            margin: 10px 0;
            border:1px solid #999;
            padding: .5em 1em;
                }
    span{color: #333; display: inline-block; width: 80px;}
    input[type="submit"]{
            width: 320px;
            background-color: #FF6700;
            color: #FFF;
            cursor: pointer;
```

```
                      }
            input[type="submit"]:hover{
                  background-color: #FF0000;
                  }
      </style>
```

需要特别注意的是，注册表单中使用了 input 控件和 select 控件，这两个控件对于 padding 的处理方式不同，为 select 下拉菜单增加 padding-left 和 padding-right 时并不像 input 文本框那样产生内填充的效果，所以设置同样的 width 属性时页面效果不一样。为了保证所有控件宽度相同且对齐，这里将它们的 box-sizing 全部设成了 border-box。

3. 使用伪类选择器对表单进行提示反馈

伪类选择器在表单中主要是用来为用户操作提供一些必要的提示和指引。

（1）聚焦状态设置

表单中当光标插入某文本框时，我们希望当前文本框能够显示不同的样式，以便于用户清楚当前处于什么位置。例如，光标插入文本框时，文本框显示为橙色（#ff6600）边框和阴影，如图 9-20 所示。

如果希望 input 在触发焦点时更改样式，通常会使用:focus 伪类选择器，代码如下。

```
input[type=text]:focus{ outline: 1px solid #ff6600; border: none; box-shadow:0 0 2px
2px #808080;}
```

触发:focus 时添加了 outline 轮廓线，即文本框获得焦点时，其会被一个轮廓虚线框围绕，轮廓虚线框由 outline 定义。

同样，对于上面的注册表单，也可以为所有 input 控件设置聚焦状态，使其获得焦点时产生阴影效果。代码如下。

```
      input:focus{
            box-shadow: 0 0 3px 1px #FF3030;
      }
```

运行完整代码后的页面效果如图 9-21 所示。

图 9-20　文本框的聚焦状态

图 9-21　为注册表单的控件添加伪类后的效果

（2）必填项选择

:required 也是表单中常用的伪类选择器，用于选择所有的必填项。

例如，在例 9-6 的 CSS 中加入如下内容。

```
      input:required{
            border-right: 3px solid #FF3030; /* 为必填项设置特殊样式 */
      }
```

给所有必填项加入红色的右边框，效果如图 9-22 所示。

用户名

邮箱　　　xxx@xxx.com

图 9-22　必填项样式

> **素养提示**　设计师常说："检验一个设计是不是好的设计，首先要看用户的感受。"对于 Web 前端页面来说，也是如此。我们在日常项目中要多想、多探索、多总结，多从用户角度思考问题、解决问题，同时也要利用技术手段尽可能减轻服务器的负荷。

【项目实践】

1. 制作搜索框部分

完成图 9-23 所示的网上商城首页搜索框部分，搜索框获取焦点时边框改变颜色（#ff6600），同时按钮也有颜色变化。

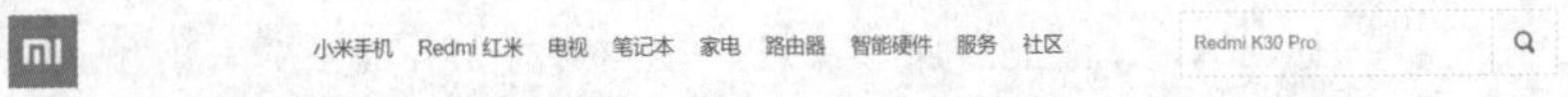

mi　　　小米手机　Redmi 红米　电视　笔记本　家电　路由器　智能硬件　服务　社区　　　Redmi K30 Pro　　　🔍

图 9-23　网上商城首页搜索框

制作思路参考如下。

（1）在之前做好的页面布局中找到 class=header 的容器，添加页面元素。

```
<div class="header main">
    <div class="logo"><img src="img01/logo.PNG" ></div>
    <div class="h-menu">
        <a href="">小米手机</a>   
        <a href="">Redmi 红米</a>   
        <a href="">电视</a>   
        <a href="">笔记本</a>   
        <a href="">家电</a>   
        <a href="">路由器</a>   
        <a href="">智能硬件</a>   
        <a href="">服务</a>   
        <a href="">社区</a>   
    </div>
    <div class="search">
        <form action="">
            <input type="text" name="search" id="search" placeholder="Redmi K30
Pro" /><button><img src="img01/zoom.PNG" height="40" ></button>
        </form>
    </div>
</div>
```

（2）对新添加的页面元素设置 CSS。

```
.header{
    height: 80px;
    margin-top: 30px;
    display: grid;
    grid-template-columns:80px auto auto;
    }
```

```
.header .h-menu{
    text-align: right;
    line-height: 80px;
}
.header .h-menu a{
    text-decoration: none;
}
.header .search{
    text-align: right;
}
.header .search input[type=text]{
    height: 42px;
    margin-top: 20px;
    vertical-align: middle;
}
.header .search button{
    margin-top: 20px;
    vertical-align:middle;
}
```

2. 完成注册页面

参照例题完成图 9-24 所示的网上商城用户注册页面。

图 9-24　网上商城注册页面

本项目与前述例题页面效果一致，可参照例 9-6 完成。

【小结】

本项目利用表单控件完成了静态网页中的两个应用场景，分别是搜索框和注册页面。本项目的重点是页面的美观度及对用户的友好度，通过对控件的属性及样式进行设置，结合属性选择器和伪类选择器的应用，最终达到满意的效果。我们还学习了 HTML5 中的一些表单控件及属性，其中HTML5 自带的表单验证功能可以大大减轻服务器的负担，建议在实际开发时熟练应用。

【习题】

一、填空题

1. 表单对象的名称由_____属性设定。

2. 表单对象的提交方法由_____属性指定，若要提交大量的数据，则应采用_____方法。

二、选择题

1. 以下（　　）标记用于在表单中构建复选框。

A. <input type="text"/>

B. <input type="radio"/>

C. <input type="checkbox"/>

D. <input type="password"/>

2. 要在表单中创建一个多行文本的文本框，初始值为：这是一个多行文本框。下面语句正确的是（　　）。

A. <textarea name="text1" value="这是一个多行文本框"></ textarea>

B. <input type=" text" value=" 这是一个多行文本框" name=" text1"/>

C. <input type="textarea" value="这是一个多行文本框" name="text1"/>

D. <textarea name="text1" cols="20" rows="5">这是一个多行文本框</textarea>

3. 在 HTML 中，关于表单提交方式的说法错误的是（　　）。

A. action 属性用来设置表单的提交方式

B. 表单提交有 get 和 post 两种方式

C. post 比 get 方式安全

D. post 提交数据不会显示在地址栏，而 get 会显示在地址栏

4. HTML 表单的首要标记是<form>，<form>标记的参数 method 表示表单发送的方法，可能为 get 或 post，下列关于 get 和 post 的描述正确的是（　　）。

A. post 方法传递的数据对客户端是不可见的

B. get 请求信息以查询字符串的形式发送，查询字符串的长度没有大小限制

C. post 方法对发送数据的数量限制为在 255 个字符之内

D. get 方法传递的数据对客户端是不可见的

5. HTML 代码<select name="name"></select>表示（　　）。

A. 创建表格 　　　　　　　　　　　　　　B. 创建一个滚动菜单

C. 设置每个表单项的内容 　　　　　　　　D. 创建一个下拉列表

6. 表单提交后的数据处理程序由（　　）属性指定。

A. name 　　　　　B. method 　　　　　C. post 　　　　　D. action

7. 在表单中需要把用户的数据以密码的形式接收，应该定义的表单元素是（　　）。

A. <input type=text> 　　　　　　　　　B. <input type=password>

C. <input type=checkbox> 　　　　　　　D. <input type=radio>

8. 如果希望 input 在触发焦点时更改样式，通常会使用（　　）伪类选择器。

A. :focus 　　　　B. :required 　　　　C. :hover 　　　　　D. :first-child

三、思考题

打开百度首页，观察中间的搜索框，你能说出该表单有哪些控件吗？请自己尝试做一下。

项目10
向网页中插入视频和音频

【情境导入】

小王的网上商城网站已经初具规模，小王想在网站首页加一些视频广告，向网页中插入视频、音频会不会很复杂呢？带着疑惑，小王又一次找到了李老师。李老师说，在 HTML5 出现之前，Web 页面访问音频、视频主要是通过 Flash、ActiveX 插件，用户无一例外都需要安装浏览器插件，并且第三方插件还会给网站带来一些性能和稳定性方面的问题，但是 HTML5 的出现彻底解决了这一问题，新增的<audio>和<video>标记使浏览器不需要插件即可播放视频和音频。

【任务提出】

根据小王的效果图，网上商城网站首页的下方有视频广告模块，如图 10-1 所示，用于播放最新的产品广告，本任务学习如何使用 HTML5 新增的<audio>和<video>标记来播放视频和音频，并对其播放窗口进行简单的控制。

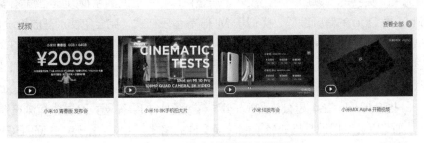

图 10-1　网上商城的视频广告模块

【学习目标】

📖 知识点

- 了解 video 元素支持的视频格式。
- 了解 audio 元素支持的音频格式。
- 掌握在网页中引入音频和视频的标准方法及其属性。

📖 技能点

- 能够在网页中熟练加入音频。

- 能够在网页中熟练加入视频。
- 能够根据需要对音频和视频进行属性设置。

📖 **素养点**
- 培养学生勇于探索未知的精神。

【相关知识】

HTML5 在网页中添加视频和音频简单了许多，但是也不是所有的视频和音频格式都能得到支持，还需要根据 HTML5 提供的标准将它们转换成 Web 支持的格式。

一、Web 上的视频

在 HTML5 出现之前，Web 视频并没有一个通用的标准，有些网站使用 Flash 插入视频，但是要求用户有 Flash 播放器；也有些网站使用 Java 播放器，但是要在 Java 虚拟机中解码视频和音频需要用户拥有一台配置较高的机器。

HTML5 规定了一种通过<video>标记来包含视频的标准方法，而 video 元素目前仅支持 3 种格式的视频文件。

1. video 元素支持的视频格式

视频格式包含视频编码、音频编码和容器格式。HTML5 支持的视频格式主要包括 Ogg、MPEG 4、WebM 等，具体介绍如下。

（1）Ogg 是带有 Theora 视频编码和 Vorbis 音频编码的文件格式。Ogg 是一种文件封装容器，可以纳入各式各样自由和开放源代码的编解码器，包含音效、视频、文字与元数据的处理。其中，Theora 是开源的、免费的视频压缩编码技术，质量可以与主流的数字视频压缩编解码标准 H.264 相媲美。Vorbis 是 Ogg 的音频编码，类似于 MP3 等音乐格式，完全免费、开放和没有专利限制。

（2）MPEG 4 是带有 H.264 视频编码和 AAC 音频编码的 MPEG 文件格式。在同等条件下，MPEG4 格式的视频质量较好，它的专利被 MPEG-LA 公司掌握，任何支持播放 MPEG4 视频的设备，都必须拥有 MPEG-LA 公司颁发的许可证。MPEG4 有 3 种编码：mpg4（xdiv）、mpg4（xvid）、avc（H:264）。H.264 是公认的 MP4 标准编码，如果在网页开发中有浏览器不能识别的 MPEG 文件，则可以尝试用视频格式转换器转换文件的格式。AAC 是一种由 MPEG-4 标准定义的有损音频压缩格式，提供了目前最高的编码效率。

（3）WebM 是带有 VP8 视频编码和 Vorbis 音频编码的文件格式。WebM 由 Google 提出，是一个开放、免费的媒体文件格式，其中 Google 将其拥有的 VP8 视频编码技术开源，Ogg Vorbis 则本来就是开放格式。WebM 项目旨在为对每个人都开放的网络开发高质量的、开放的视频格式，其重点是解决视频服务这一核心的网络用户体验问题。

2. 语法格式

在 HTML5 中，Web 开发者可以用一种标准的方式指定视频的外观。其语法格式如下。

```
<video src="视频文件" controls="controls"> </video>
```

这段代码使用<video>标记来定义视频播放器，不仅设置了要播放的视频文件，还设置了视频的控制栏，其中包括播放、暂停、进度和音量控制、全屏等功能，更重要的是，还可以自定义这些功能和控制栏的样式。

（1）基本属性

src 和 controls 是<video>标记的基本属性，src 属性用于设置视频文件的路径，controls 属性用于为视频提供播放控件，并且<video>和</video>标记之间还可以插入文字，用于在浏览器不能支持视频时显示。示例如下。

```
<video src="video/video1.mp4" controls>
    浏览器不支持该视频，请下载最新版本的浏览器
</video>
```

需要注意的是，不同操作系统对 Ogg、MPEG 4、WebM 等视频格式的支持是有差异的。例如，苹果操作系统的 Safari 浏览器只支持 MP4 类型，而 Ogg 格式的视频则适用于 Firefox、Opera 及 Chrome 浏览器。IE 8 不支持 video 元素，从 IE 9 开始提供了对使用 MPEG4 的 video 元素的支持。

如果我们不确定自己的浏览器支持什么格式的视频，则可以使用 source 标记给浏览器提供多种格式的视频文件选择。video 元素允许嵌套多个 source 标记，source 标记可以链接不同格式的视频文件，浏览器将使用第一个可识别的格式。示例如下。

```
<video width="500" height="250" controls="controls">
    <source src="movie.ogg" type="video/ogg">
    <source src="movie.mp4" type="video/mp4">
    您的浏览器不支持此种视频格式。
</video>
```

（2）其他常用属性

<video>标记还有一些属性也经常会用到，具体描述如表 10-1 所示。

表 10-1   video 常用属性

属性	值	描述
width	像素或百分比值	设置视频播放窗口的宽度
height	像素或百分比值	设置视频播放窗口的高度
autoplay	autoplay	当页面载入完成后自动播放视频
loop	loop	视频结束时重新开始播放
preload	preload	如果出现该属性，则视频在页面加载时就同步加载，并预备播放；如果使用"autoplay"，则忽略该属性

① width、height 属性用于设置视频播放窗口的宽高。在 HTML5 中，我们经常会通过为 video 元素添加宽高的方式给视频预留一定的空间，这样浏览器在加载页面时会预先确定视频的尺寸，为其保留合适的空间，使页面的布局不产生变化。为了让视频在 Web 端自适应，可以只设置 video 标记的宽度值，高度会自动设为 auto，示例如下。

```
video {
    /* width:100%;*/
    max-width: 100%;
    height: auto;
}
```

如果将 width 属性设置为 100%，则视频播放器会自动调整宽度为父级容器的 100%，甚至视

频可以比原始尺寸大，而高度随宽度等比例变化。还可以使用 max-width:100%定义视频元素的最大宽度为 100%，不能超过其原始大小。但有时由于视频的长宽比例和容器不一致，无论如何都会留出一块空白，用户体验很不好，此时可以使用 object-fit 样式属性使 video 自动填满父级容器，具体用法是给<video>标记加上如下样式的代码。

```
video{  width:100%; height:100%; object-fit: fill;  }
```

② autoplay 属性用于设置视频是否自动播放，是一个布尔属性，设置该属性，表示自动播放，省略该属性表示不自动播放。

```
<video width="500" height="350" src="vedio1.mp4" autoplay="autoplay" ></video>
```

注意，表示自动播放时该属性要么没有值，要么其值等于属性名。在标记中不使用该属性表示不自动播放。

③ loop 属性用于指定视频是否循环播放，其同样也是一个布尔属性。

```
<video width="500" height="350" src="vedio1.mp4" autoplay loop></video>
```

④ preload 属性用于定义视频是否预加载，有 3 个属性值可选择：none、metadata、auto。如果不使用此属性，则默认为 auto。

```
<video src="vedio1.mp4" autoplay preload="none"></video>
```

- none: 不进行预加载，选择此属性值多数情况是开发者认为用户不希望播放此视频，或者为了减少 HTTP 请求。
- metadata: 部分预加载，选用此属性值可预先为用户提供一些元数据（包括尺寸、第一帧、曲目列表、持续时间等）。
- auto: 全部预加载，为用户预先加载视频。

【例 10-1】向网页中插入视频。

在页面中写入视频容器和 video 元素。

```
<!DOCTYPE html>
<html>
    <head>
        <meta charset="utf-8">
        <title>网页中的视频</title>
        <style type="text/css">
            .vbox{width: 500px;      margin: 0 auto;}
            video{width: 100%;       }
        </style>
    </head>
    <body>
        <div class="vbox">
            <video src="video/video1.mp4" controls autoplay>
                浏览器不支持该视频，请下载最新版本的浏览器
            </video>
        </div>
    </body>
</html>
```

在以上代码中，将视频放入容器盒子 vbox 中，视频在网页中水平居中显示，宽度受容器盒子的大小限制，高度自适应。页面效果如图 10-2 所示。

图 10-2　网页上水平居中的视频

【例 10-2】视频自动充满容器。

假设容器宽 500px，高 300px，与视频的宽高比（1920:1080）不一致。

```
<style type="text/css">
    .vbox{
        width: 500px;
        height: 300px;
        margin: 0 auto;
        border: 2px solid;
    }
    video{
        width: 100%;
        height: 100%;
    }
</style>
```

此时，即使 video 的宽高均为 100%，也无法填满容器，如图 10-3 所示，容器上方存在空白。

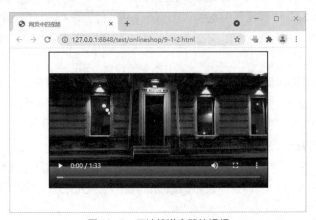

图 10-3　无法填满容器的视频

但是当我们对<video>添加 object-fit 样式属性后，视频会拉伸以填满容器盒，页面效果如图 10-4 所示。

```
video{
    width:100%;
```

```
        height:100%;
        object-fit:cover;
        }
```

图 10-4　填满容器的视频

二、Web 上的音频

同样，HTML5 出现之前在网页中播放音频也没有固定的标准，大多数音频是通过插件（如 Flash）来播放的，但是并非所有浏览器都有同样的插件，尤其是主流浏览器已经陆续宣布停止支持 Flash 插件，网站正在转向开放的 Web 技术。HTML5 规定了一种通过<audio> 标记来插入音频的标准方法。

1. audio 元素支持的音频格式

音频格式是指要在计算机内播放或是处理的音频文件的格式。在 HTML5 中嵌入的音频格式主要包括 Ogg Vorbis、MP3、WAV 等，具体介绍如下。

（1）Ogg Vorbis 是一种音频压缩格式，类似于 MP3 等音乐格式，扩展名是".ogg"，这种文件的设计格式非常先进，文件格式可以不断地进行大小和音质的改良，而不影响旧有的编码器或播放器。

（2）MP3 是一种音频压缩技术，其全称是动态影像专家压缩标准音频层面 3（Moving Picture Experts Group Audio Layer III，MP3）。它被设计来大幅度地降低音频数据量。

（3）WAV 是录音时用的标准的 Windows 文件格式，文件的扩展名为".wav"，数据本身的格式为 PCM 或压缩型，属于无损音乐格式的一种。

3 种格式中 WAV 格式的音质最好，但是文件体积较大。MP3 的压缩率较高，普及率高，音质相比 WAV 要差。OGG 与 MP3 在相同速率编码的情况下，OGG 文件体积更小。

2. 语法格式

HTML5 同样规定了一种标准的方式来播放音频。

语法格式如下。

```
<audio src="音频文件路径" controls>
    您的浏览器不支持 audio 标记
</audio>
```

其中，src 属性用于描述音频文件的地址，controls 属性规定浏览器为音频提供播放控件。

除了 src 和 controls 两个基本属性之外，audio 还有一些常用的其他属性，如表 10-2 所示。

表 10-2　audio 常用属性

属性	值	描述
autoplay	autoplay	当页面载入完成后自动播放音频
loop	loop	音频结束时重新开始播放
preload	preload	如果出现该属性，则音频在页面加载时同步加载，并预备播放；如果使用"autoplay"，则忽略该属性

【例 10-3】在网页中播放音频。

向 HTML 文档中写入如下代码。

```
<!DOCTYPE html>
<html>
    <head>
        <meta charset="utf-8">
        <title>网页中的音频</title>
    </head>
    <body>
        <audio src="audio/music.mp3" controls>
            当前浏览器不支持 audio
        </audio>
    </body>
</html>
```

在<audio>标记中使用 controls 属性为音频提供播放控件，预览页面效果，如图 10-5 所示。

图 10-5　网页中的音频播放控件

不管是<audio>还是<video>，浏览器都提供了默认的控制栏，用来实现播放、暂停、进度和音量控制、全屏等功能，HTML5 还为 audio 对象和 video 对象提供了用于文档对象模型（Document Object Model，DOM）操作的方法、事件和属性，我们可以使用 JS 代码来自定义这些功能和控制栏的样式。本书不再深入讲解。

3. source 元素

并不是所有的浏览器都能兼容上文提到的几种音频格式。目前，所有的主流 PC 端和移动端浏览器的最新版已经全部支持 MP3 格式，Ogg 格式的音频可以在 Firefox、Opera 和 Chrome 浏览器中播放，如果要在 Internet Explorer 和 Safari 浏览器播放音频，则必须使用 MP3 文件。为了解决不同浏览器对音频文件的兼容性问题，在 HTML5 中，可以运用 source 元素为 audio 元素提供多个备用文件，格式如下。

```
<audio controls="controls">
    <source src="音频文件地址" type="媒体文件类型/格式">
    <source src="音频文件地址" type="媒体文件类型/格式">
    ...
</audio>
```

示例如下。

```
<audio controls>
    <source src="music.ogg" type="audio/ogg">
    <source src="music.mp3" type="audio/mpeg">
    您的浏览器不支持audio元素。
</audio>
```

上面代码中的 source 元素可以链接不同格式的音频文件，浏览器将使用第一个可识别的格式。

【项目实践】

完成图 10-6 所示的网上商城首页中的视频广告部分，使用默认的视频控制栏。

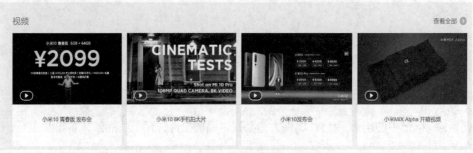

图 10-6　网上商城首页视频广告效果

制作步骤可参照如下。

（1）在 HTML 中将该部分页面元素写入。

```
<div class="vedio_box main">
    <div class="vedio_1">
        <video src="video/video1.mp4" controls></video>
    </div>
    <div class="vedio_2">
        <video src="video/video2.mp4" controls></video>
    </div>
    <div class="vedio_3">
        <video src="video/video3.mp4" controls></video>
    </div>
    <div class="vedio_4">
        <video src="video/video4.mp4" controls></video>
    </div>
</div>
```

（2）添加样式，可以使用网格布局平均分配 4 栏，也可使用其他布局方法，参考如下。

```
.vedio_box{
    display: grid;
```

```
            grid-template-columns:repeat(4,1fr);
            grid-template-rows: minmax(100px,auto);
            grid-gap:20px;
        }
        .vedio_box video{
            object-fit:fill;
            width:100%;
            height: 100%;
        }
```

运行代码后即可在页面看到整齐的视频广告栏。

【小结】

本项目学习了在网页中添加视频和音频的方法，相比 HTML5 之前的版本简单了许多。但是由于 DOM 操作的方法和事件本书并没有涉及，因此目前对视频和音频的控制全部使用默认的播放器，感兴趣的读者可以进一步查阅相关资料。

【习题】

一、选择题

1. HTML5 不支持的视频格式是（　　　）。

A. Ogg   B. MP4   C. FLV   D. WebM

2. 以下关于 video 说法正确的是（　　　）。

A. 当前，video 元素支持 3 种视频格式，其中 WebM 是带有 Theora 视频编码和 Vorbis 音频编码的文件格式

B. source 元素可以添加多个，具体播放哪个由浏览器决定

C. video 内使用 img 展示视频封面

D. loop 属性可以使媒介文件循环播放

3. 用于插入视频文件的 HTML5 标记是（　　　）。

A. <movie>   B. <media>   C. <video>   D. <film>

4. 用于插入音频文件的 HTML5 标记是（　　　）。

A. <mp3>   B. <audio>   C. <sound>   D. <voice>

5. 下面关于 HTML5 控件显示音频和视频媒体的说法，正确的是（　　　）。

A. HTML5 要求该标记指定使用哪个第三方加载或插件来播放媒体

B. HTML5 视频标记与音频标记共享媒体属性和事件

C. JavaScript 可与 HTML5 视频和音频标记结合使用来增强其行为

D. HTML5 音频和视频可以使用任何文件格式

二、思考题

请简述 HTML5 中嵌入音频和视频的方式，并列举 HTML5 支持的音频和视频格式。

项目11

网站首页中的动态效果

11

【情境导入】

　　小王已经基本完成了网上商城网站主要页面的制作，可是这样的页面始终是静态的，如果能为网页添加动态效果，网站就更具吸引力了。小王想将首页的 banner 模块替换成广告图片轮播效果，该怎么做呢？李老师说图片轮播是在网站开发中使用非常广泛的一种特效，它在提高网站美观度的同时，也能在有限的空间内呈现更多的信息，使用 JS 才能实现该效果。早就听说 JS 功能强大，小王已经迫不及待地要开始学习了。

任务 11-1　实现网站首页的轮播图

【任务提出】

　　本任务使用 JS 脚本实现一个比较简单的图片切换轮播功能，如图 11-1 所示。任务难点是在页面运行过程中动态改变图片，也就是动态改变 src 属性中引用的图像文件的路径。这就需要使用 JS 的相关知识，如获取 DOM 元素并改变其属性值，为元素绑定事件侦听器等。

图 11-1　图片轮播

【学习目标】

📖 **知识点**

- 掌握 JS 语言的书写格式及基本语法结构。
- 掌握数组的使用方法。
- 掌握 JS 中的事件和简单函数的使用方法。
- 掌握定时器的使用方法。

📖 **技能点**

- 能按照语法格式正确书写 JS 脚本，理解其逻辑结构。
- 能够熟练获取页面元素并添加事件。
- 能够正确合理地定义和调用函数。

- 培养学生敬畏自然、敬畏生命的朴素情感。

【相关知识】

在网站中轮播图是一项非常重要的展示内容，轮播图的展示效果也是一个网站的点睛之笔。轮播图效果需要借助 JS 脚本语言来实现，JS 语言本身并不复杂，语法也不是特别严格，在实现轮播图时只需要使用其中的一部分语法知识。

一、轮播图原理分析

轮播图原理为向轮播容器提供一组图片，通过用户单击按钮或者定时器触发图片切换的动作。图片既可以作为容器盒子的背景，也可以作为盒子的子元素，在页面运行过程中侦听鼠标事件，一旦事件发生，则改变图片文件的路径，从而实现图片切换。

二、搭建基本界面

1. HTML 代码

先在 HTML 中定义好页面的组成元素：一个轮播容器、左右两个箭头。准备好需要的图片序列 pic1_1.jpg、pic1_2.jpg、pic1_3.jpg（图片文件在本书素材 img01 文件夹中）。

```
<body>
    <div id="ad">
        <div id="leftbtn">&lt;</div>
        <div id="rightbtn">&gt;</div>
    </div>
</body>
```

其中，<、>分别代表"<"和">"，也可以插入外部图片文件代替。

2. CSS 代码

为轮播容器和左右两个箭头添加样式。

（1）设置轮播容器与图片等大，并且选取其中一幅图片作为初始图片。如果图片大小不合适，则建议提前使用图像处理软件处理一下，或者使用 background-size:cover;将图片铺满盒子容器。

```
#ad{
        width:630px;height:340px;
        background-image:url(img01/pic1_1.jpg);
        margin:0 auto;
        position:relative;
    }
```

（2）设置左右两个箭头的位置，使它们分别处于盒子的左右两端，并且垂直居中。对箭头元素使用 position:absolute;绝对定位，自顶部向下偏移一半左右，考虑到箭头自身的高度，需要使用 CSS3中用于动态计算长度的calc函数,top:calc(50% - 20px); 表示设置高度在50%处上移20px 的位置，这里使用了"-"运算符，要注意运算符前后要各保留一个空格。

```
#leftbtn,#rightbtn{
        position:absolute;
```

```
        top:calc(50% - 20px);/* 高度 50%处上移 20px */
        color: #fff;
        font-weight: bold;
        font-size: 40px;
        cursor: pointer;
    }
    #leftbtn{
        left:30px;
    }
    #rightbtn{
        right:30px;
    }
```

此时的页面效果如图 11-2 所示。

图 11-2　轮播容器里的各元素

三、实现轮播效果

图片切换操作都是在页面运行过程中发生的，所以需使用 JS 增加行为，为网页添加动态效果。下面学习在轮播图中要用到的 JS 的相关知识。

1. JS 脚本的书写格式

在 HTML 文档中，可以直接使用<script>元素向 HTML 页面插入 JS 脚本，有以下 3 种方法。

（1）直接在<script>和</script>之间嵌入脚本代码

```
<script>
    // JS 代码
</script>
```

之前的版本中也写作<script type="text/javascript"></script>，HTML5 中已经默认指定脚本的 type 是 text/javascript，所以可以省略不写。

（2）通过<script>元素中的 src 属性引入外部脚本文件

```
<script src=" JS 脚本文件的文件路径"></ script>
```

使用<script>元素定义的 JS 脚本代码可以放在 HTML 页面中的任何位置，但是浏览器解释 HTML 时是按先后顺序执行的，前面的脚本先执行。<head>和</head>之间的脚本代码会在页面加载时执行，而<body>和</body>之间的脚本代码则会在被调用时执行。

例如，进行页面显示初始化的 JS，在给页面 body 设置 CSS 时，必须放在<head>和</head>之间，而如果是通过事件调用执行的 function，则对写入位置没什么要求，通常写在 HTML 的结尾。

（3）以事件的形式写在标记上

如果脚本比较简单，则可以直接以事件的形式写在标记上。示例如下。

```
<p onclick="javascript:alert('提示信息')">点我点我</p>
```

当段落文字被单击时显示提示信息。

2. JS 获取 DOM 元素

什么是 HTML DOM 呢？DOM 是 W3C 组织推荐的处理可扩展置标语言的标准编程接口。简单理解就是 HTML DOM 是关于如何获取、修改、添加或删除 HTML 元素的标准。我们通过 JS 对网页进行的所有操作都是通过 DOM 完成的。

JS 获取 DOM 元素的方法主要有以下 8 种。

① 通过 id 获取 DOM 元素。

```
document.getElementById('id');
```

② 通过 name 属性获取 DOM 元素。

```
document.getElementsByName('name');
```

③ 通过标记名获取 DOM 元素。

```
document.getElementsByTagName('p');
oDiv.getElementsByTagName('p'); // oDiv 是某个已经存在的元素
```

注意 document 或其他元素都可以使用这个方法。

④ 通过类名获取 DOM 元素。

```
document.getElementsByClassName('类名');
```

同样，document 和其他元素都可以使用这个方法。

⑤ 获取 HTML 标记。

```
document.documentElement//返回对象为 HTML 元素
```

⑥ 获取 body 标记。

```
document.body//获取 body 标记
```

⑦ 通过选择器获取一个元素。

```
querySelector('选择器名');
```

document 和其他元素都可以使用，参数是某个选择器名。

⑧ 通过选择器获取一组元素。

```
querySelectorAll('选择器名')//用法同 querySelector
```

以上 8 种使用原生 JS 获取 DOM 元素的方法可根据实际情况选用，前几种更为常用。

例如，可以通过 document.getElementById('ad')获取轮播图容器元素。

还可以在获取到元素后将其保存到自定义变量中。

```
var arrowLeft=document.getElementById("leftbtn");
var arrowRight=document.getElementById("rightbtn");
```

其中，var 是 JS 声明变量的关键字。JS 中采用的是弱类型的形式，所以不必理会变量的数据类型，可把任意类型的数据赋给变量。

3. 在 JS 中创建和访问数组

由于轮播图中的图片序列是一组相同的元素，所以我们不可避免地要用到数组。数组可以用一个单一的名称存放很多值，并且还可以通过引用索引号来访问这些值。

（1）创建数组

使用数组文本是创建 JS 数组最简单的方法。例如，定义有 3 个元素的数组，并赋给自定义变量 arr。

```
var arr = ["Mary","Larry","Tom"];
```

也可以通过关键字 new 创建数组，示例如下。

```
var classes = new Array("一班", "二班", "三班");
```

最常见的是调用函数返回一个数组，例如，前面学过的获取 DOM 元素的函数中，getElementsByName、getElementsByTagName、getElementsByClassName、querySelectorAll 的返回值都是数组，用法如下。

```
var circles = document.getElementById("multi-circles").getElementsByTagName("li");
```

调用 getElementsByTagName 函数后返回一个数组，将返回值赋给变量 circles，所以 circles 中存储了一个由所有<li>元素组成的数组。

（2）访问数组元素

可以通过索引号来访问数组中的元素，索引号从 0 开始，索引号为 0 的元素表示第一个元素。通过 length 属性访问数组的长度，数组的长度为数组中元素的个数。示例如下。

```
var arr = ["Mary","Larry","Tom"];
document.write(arr[1]);//输出索引为 1 的数组元素 Larry
```

下面定义一个数组，用来存放图片的相对地址。

```
var imgsURL=['img01/pic1_1.jpg','img01/pic1_2.jpg','img01/pic1_3.jpg'];
```

使用 imgsURL[index]可以获取数组中下标为 index 的元素值。

假设要使用此地址字符串更新轮播容器盒子的背景图片，可使用以下代码。

```
document.getElementById('ad').style.backgroundImage='url('+imgsURL[index]+')';
```

'url('+imgsURL[index]+')'是将多个字符串使用"+"连接，字符串要使用单引号或双引号引起来，"."则用来逐级获取元素节点。

4．JS 中的事件和函数

（1）HTML 事件

HTML 事件就是发生在 HTML 元素上的"事情"，如网页完成加载、按钮被单击等，如表 11-1 所示，通过 JS 代码，这些事件可以被侦听到。

表 11-1　常见 HTML 事件

事件	描述
onchange	HTML 元素已被改变
onclick	用户单击了 HTML 元素
onmouseover	用户把鼠标指针移动到 HTML 元素上
onmouseout	用户把鼠标指针移开 HTML 元素
onkeydown	用户按下键盘按键
onload	浏览器已经完成页面加载

侦听的方法是为元素添加事件监听器 addEventListener。示例如下。

```
element.addEventListener("click", myFunction);
```

该方法的第一个参数是事件的类型（如"click"或"mousedown"等，不要使用类似于"onclick"的参数）；第二个参数是当事件发生时我们需要调用的函数；还有未写出的第三个参数是可选参数，该参数为布尔值，指定使用事件冒泡或事件捕获，通常省略掉了。

例如，为轮播图的左右箭头添加侦听。

```
arrowLeft.addEventListener("click", preMove);
arrowRight.addEventListener("click", nextMove);
```

其中 preMove 和 nextMove 分别是左右箭头单击后调用的函数。

（2）JS 函数的定义和调用

JS 函数是由事件驱动的或者当它被调用时执行的可重复使用的代码块。

函数声明的语法如下。

```
function functionName(parameters) {
    //执行的代码
}
```

函数名前面使用了关键字 function，函数可以有参数，也可以没有参数。

例如，声明函数 myFunction，有两个参数分别是 a 和 b。

```
function myFunction(a, b) {
    return a * b;
}
```

可以在某事件发生时直接调用函数（如当用户单击按钮时），并且可由 JS 在任何位置进行调用。当调用该函数时，会执行函数内的代码。

函数调用的方法如下。

```
//单击按钮时调用并输出结果
<button onclick="document.write (myFunction(3,5))">单击这里</button>
//直接调用
var c= myFunction(2,4);
document.write(c);
```

以下代码用于定义左右箭头单击后需调用的函数，函数功能是向前或者向后改变轮播容器中的图片，使之在 3 幅图片之间轮换。

```
var index=0;//初始图片的索引
//左箭头单击后调用的函数
function preMove(){
    index--;
    if(index <0)  index=2;  document.getElementById('ad').style.backgroundImage= 'url
('+imgsURL[index]+')';
}
//右箭头单击后调用的函数
function nextMove(){
        index++;
        if(index >2) index=0;
    document.getElementById('ad').style.backgroundImage='url('+imgsURL[index]+')';
}
```

至此，我们可以写出完整的轮播特效的 JS 代码。

【例 11-1】轮播特效。

脚本部分代码如下。

```
<script>
    //使用数组定义图片路径和图片描述
```

```
var imgsURL=['img01/pic1_1.jpg','img01/pic1_2.jpg','img01/pic1_3.jpg'];
//DOM操作,获取HTML组件
var arrowLeft=document.getElementById("leftbtn");
var arrowRight=document.getElementById("rightbtn");
//为元素添加事件监听器
arrowLeft.addEventListener("click", preMove);
arrowRight.addEventListener("click", nextMove);
//定义全局变量,表示当前使用的图片的索引
var index=0;
//左箭头单击后调用的函数
function preMove(){
    index--;
    if(index <0) index=2;
    //使用数组索引改变轮播盒子背景图片的路径
document.GetElementById('ad'). style.backgroundImage='url('+imgsURL[index]+')';
    }
//右箭头单击后调用的函数
function nextMove(){
    index++;
    if(index >2) index=0;
    //使用数组索引改变轮播盒子背景图片的路径
document.getElementById('ad'). style.backgroundImage='url('+imgsURL[index]+')';
    }
</script>
```

将<script></script>部分放在<body></body>的结尾部分，结合前面我们已经写过的 CSS，运行以后可以看到随着单击左右箭头，3 幅图片开始轮播，如图 11-3 所示。

图 11-3　手动产生轮播效果

四、添加定时器自动轮播

1. 定时器的用法

JS 提供了几种原生方法来实现延时执行某一段代码的功能，在本任务中我们使用 window 对象的 setInterval 方法，其主要功能是以固定的时间间隔（以毫秒为单位）重复调用一个函数或者代码段。

setInterval 方法会不停地调用函数，直到调用 clearInterval 方法清除定时器或窗口被关闭。

语法结构如下。

```
window.setInterval(func, delay);
```

或者可以写成如下形式。

```
window.setInterval(code, delay);
```

其中，window 是默认对象，可以省略，func 是指延迟调用的函数，如果不是调用函数，则可以直接写要执行的代码段，delay 是指延迟时间，以毫秒为单位，没有默认值。

【例 11-2】循环输出数字。

```html
<!DOCTYPE html>
<html>
    <head>
        <meta charset="utf-8">
        <title>定时器用法</title>
        <style type="text/css">
            #ad{
                font-size: 32px;
                color: red;
                width: 100px;
                height: 100px;
            }
        </style>
    </head>
    <body>
        <div id="ad"></div>
        <script>
        var index=0;
        function changeIndex(){
            index++;
            if(index >2) index=0;
            document.getElementById("ad").innerHTML=index;
        }
        setInterval(changeIndex,1000);
        </script>
    </body>
</html>
```

在以上代码中，我们规定在 id 值为 ad 的页面元素内显示 index 变量的值，JS 中常常用到 innerHTML，其作用是获取标记中的内容。setInterval 规定每间隔 1000 毫秒调用一次 changeIndex 函数，每执行一次 changeIndex 函数，index 的值就变化一次。运行完整代码后的效果如图 11-4 所示。

2. 使用定时器控制轮播图片自动切换

例 11-1 的效果是通过单击左右箭头实现图片切换，很多网站还同时设置了根据时间间隔自动切换图片的功能，这样无须用户做任何操作，网站照样能将尽量多的信息呈现给用户。

图 11-4　显示数字在 0、1、2 之间自动切换

自动切换图像的方法比较简单，在例 11-1 的制作方法的基础上添加定时器即可。

【例 11-3】定时器控制轮播图片自动切换。

```html
<!DOCTYPE html>
<html>
    <head>
        <meta charset="utf-8">
        <title>定时器控制轮播图自动切换</title>
```

```html
<style type="text/css">
    #ad{
        width:630px;height:340px;
        background:url(img01/pic1_1.jpg);
        margin:0 auto;
        position:relative;
    }
    #leftbtn,#rightbtn{
        position:absolute;
        top:calc(50% - 20px);
        color: #fff;
        font-weight: bold;
        font-size: 40px;
        cursor: pointer;
    }
    #leftbtn{
        left:30px;
    }
    #rightbtn{
        right:30px;
    }
</style>
</head>
<body>
    <div id="ad">
        <div id="leftbtn">&lt;</div>
        <div id="rightbtn">&gt;</div>
    </div>
    <script>
        var imgsURL=['img01/pic1_1.jpg','img01/pic1_2.jpg','img01/pic1_3.jpg'];
        var arrowLeft=document.getElementById("leftbtn");
        var arrowRight=document.getElementById("rightbtn");
        arrowLeft.addEventListener("click", preMove);
        arrowRight.addEventListener("click", nextMove);
        var index=0;
        function preMove(){
            index--;
            if(index <0) index=2; document.getElementById('ad').style.backgroundImage= 'url('+imgsURL[index]+')';
        }
        function nextMove(){
            index++;
            if(index >2) index=0; document.getElementById('ad').style.backgroundImage='url('+imgsURL[index]+')';
        }
        setInterval(nextMove,1000);//每间隔 1000 毫秒，调用一次 nextMove 函数
    </script>
</body>
</html>
```

预览网页可以发现，轮播图除了可以通过左右箭头切换，还可以自动完成换页效果。

【项目实践】

请完成图 11-5 所示的旅游风光轮播图效果。

图 11-5　轮播图效果

**素养
提示** 悠悠华夏五千年，大自然给予了我们很多令人震撼的美景。每一块石、每一片水，都镌刻着历史的痕迹。通过欣赏这些古迹，我们体会到大自然的神奇、人类的智慧，常怀敬畏之心，行有所止。

所需图片为本书配套素材的 img 文件夹中的 news1.jpg ~ news4.jpg。

提示 内容由 2 个部分组成，即图片层和图片描述层。

制作步骤参考如下。

（1）布局轮播图页面元素。

在页面中写入以下元素。

```
<div id="ad">
    <img id="pic" src="img/news1.jpg" >
    <div id="btm">泰山</div>
</div>
```

设置如下 CSS 样式。

```
<style type="text/css">
    #ad{
        width:640px;height:360px;
        margin:0 auto;
        position:relative;
    }
    #btm{
        position:absolute;
        bottom:0;
        width:100%;text-align:left;
        height: 50px;
```

```
                          font-size: 32px;
                          font-family: "microsoft yahei";
                          background: rgba(0,0,0,0.5);
                          color: #fff;
                          }
            </style>
```

（2）分别使用数组定义图片路径和图片描述。

> **提示** 图片路径数组的长度一定要和图片描述数组的长度一致。
>
> ```
> var imgs=['img/news1.jpg','img/news2.jpg','img/news3.jpg',' img/news4.jpg'];
> var txts=['泰山','趵突泉','故宫','长城'];
> ```

（3）定义函数完成一次换图。

> **提示** 注意如何使用数组索引。
>
> ```
> var index=0;
> function changeImg(){
>         document.getElementById('pic').src=imgs[index];
>         document.getElementById('btm').innerHTML= txts[index];
>         index++;
>         if(index>3) index=0;
> }
> ```

（4）使用定时器启动定时换图功能。

部分代码如下。

```
setInterval(changeImg,2000);
```

任务 11-2　实现图片的滑动轮播

【任务提出】

小王觉得在上一个任务中实现的轮播图效果不够美观，图片没有任何切换效果，他想实现图片滑动轮播的网页特效，如图 11-6 所示，网上商城首页导航菜单的下方使用的就是滑动轮播图，它可以突出商城的特色产品，增加商城的灵动性，视觉效果也更加突出。

图 11-6　滑动轮播图

【学习目标】

📖 **知识点**

- 掌握元素的绝对定位、相对定位。
- 掌握 JS 的基本用法。

📖 **技能点**

- 能够根据页面元素的位置决定使用哪种定位方式。
- 能够熟练应用固定定位、绝对定位和相对定位。
- 能够根据需要书写 JS 脚本。

📖 **素养点**

- 培养精益求精的工匠精神。

【相关知识】

在滑动轮播图特效中，图片的出现方式不是直接切换，而是采用队列的方式滑动出现，所以制作时需要预先将图片排好"队列"，然后根据鼠标事件或者定时器切换图片。

一、滑动轮播图原理分析

大多数网站上的轮播图是图片滑动播放的特效。一组图片按一定顺序播放完后重复播放，即 1→2→3→4→1→2→3……。播放的形式可以是自动无缝滚动，也可以使用左右按钮控制滚动或单击圆点切换图片等。

滑动轮播图的核心是把图片组合成一行序列，通过左右移动的方式，以及父元素的 overflow: hidden 来决定显示的图片。

简单原理如图 11-7 所示。

利用我们前面学过的 HTML+CSS 知识可以使网页上需要展示的图像元素紧密地挨在一起。但是如果要让它们以类似于电影胶片的原理朝着一个方向滑动，就需要动态改变每一幅图片的 left 坐标。这就要用到 JS 了。

JS 代码主要根据事件来动态改变每一幅图片的 left 坐标。默认最开始 left 的值为 0，这时正好显示出第一幅图片。接下来，通过单击或者按一定时间间隔自动循环地改变 left 的值，使图片运动起来。假设一幅图片的宽度是 1000px，每一次更换图片 left 的值的变化如图 11-8 所示。

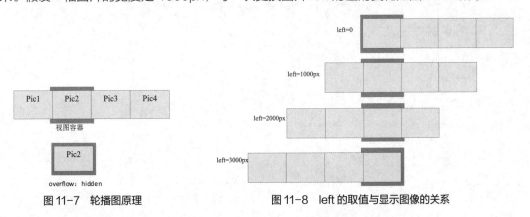

图 11-7　轮播图原理　　　　图 11-8　left 的取值与显示图像的关系

二、搭建基本界面

页面元素主要分成 3 个部分：左右两个箭头、圆点序列、图片序列。运用绝对定位对其进行布局，通过 z-index 确定它们的层叠关系。

1. HTML 代码

在 HTML 中定义好页面的组成元素。

```
<div id="box">
    <div class="arrow-left" id="arrow-left">&lt;</div>
    <div class="arrow-right" id="arrow-right">&gt;</div>
    <ul id="multi-circles">
        <li></li>
        <li></li>
        <li></li>
        <li></li>
    </ul>
    <div id="multi-images">
        <img src="img01/ban_1.jpg">
        <img src="img01/ban_2.jpg">
        <img src="img01/ban_3.jpg">
        <img src="img01/ban_4.jpg">
        <div class="clear"></div>
    </div>
</div>
```

其中，<、>分别代表"<"和">"，这里使用列表项的默认圆点作为轮播图的圆点序列，也可以插入外部图像文件代替。

2. CSS 代码

我们要保证所有图片都充满整个容器，所以单张图片的尺寸要和视图容器的尺寸吻合，假定容器宽 1000px、高 360px，图片相对容器绝对定位，那么设置 width:100%;height:100%;即可，使用 white-space: nowrap;可阻止图像在容器内换行。

```
#box {
        position:relative;
        width:1000px;
        height:360px;
        /*overflow: hidden;*/
        }
#multi-images {
    position:absolute;
    left:0;
    top:0;
    z-index: 1;
    width:100%;
    height:100%;
    font-size:0;
    white-space: nowrap;
    }
#multi-images img{
    width:100%;
    height: 100%;
    display: inline-block;
    }
```

在设置图片子元素布局时，要保证子元素都设置了 display:inline-block;，此时由于<img>标记之间有空字符，所以水平排列会有间隙，我们可以在父元素上设置 font-size:0;以消除间隙，然后在子元素上恢复 font-size 属性，再设置 font-size:initial;来解决这个问题。

取消容器盒子的 overflow: hidden;属性，预览页面，可以看到图片全部紧密排列在同一行，如图 11-9 所示。

图 11-9　紧密排列在同一行的图片

再添加左右两个箭头和圆点序列的样式。

```
#multi-circles {
        position:absolute;
        right:30px;
        bottom:10px;
        z-index: 2;
        }
#arrow-right,#arrow-left {
        font-weight: bold;
        font-size: 36px;
        position: absolute;
        top:50%;
        margin-top:-20px;
        height:40px;
        z-index: 3;
        }
#arrow-right {
        right:10px;
        }
#arrow-left {
        left:10px;
        }
```

至此，页面效果如图 11-10 所示。

图 11-10　页面初步布局

三、轮播图中 JS 脚本的应用

1. 确定图片序号

为了实现轮播，我们需要知道应该显示哪一张图片，在 JS 中定义变量 currentIndex，表示当前显示图片的序号，初始值为 0。当单击箭头，或者鼠标指针移动到圆点上时，只要改变序号就可以实现轮播了。

（1）进行 DOM 操作，获取 HTML 组件。

```
var arrowLeft = document.getElementById("arrow-left");
var arrowRight = document.getElementById("arrow-right");
var multiImages = document.getElementById("multi-images");
var circles = document.getElementById("multi-circles").getElementsByTagName("li");
var box=document.getElementById("box");
```

（2）定义全局变量 currentIndex，初始值为 0，表示当前显示图片的序号为 0。

```
var currentIndex=0;
```

（3）为箭头和圆点绑定事件。

```
arrowLeft.addEventListener("click", preMove);
arrowRight.addEventListener("click", nextMove);
for (var i = 0; i < circles.length; i++) {
    circles[i].setAttribute("id", i);
    circles[i].addEventListener("mouseenter", overCircle);
}
```

由于圆点为一组数据，在进行 DOM 操作时得到的 circle 是一个数组，所以要使用循环语句为每一个数组元素绑定事件。JS 的 for 循环可以一遍又一遍地运行相同的代码，这对于数组元素的操作是非常适用的。上面代码中的 for 循环语法结构如下。

```
for (语句 1; 语句 2; 语句 3)
{
    被执行的代码块
}
```

其中语句 1 在循环开始前执行，语句 2 定义运行循环（代码块）的条件，语句 3 在循环（代码块）被执行之后执行，3 条语句之间以 ";" 间隔。

在循环语句中，circles.length 属性能获取到存储圆点序列的数组 circle 的长度，由此限定循环执行的条件，即只在 i=0 到最后一个数组元素下标之间执行循环内容。setAttribute 方法为每一个数组元素 circle[i]添加 id 属性，并赋值为 i，即把当前数组元素的索引作为其 id 属性的值。

circles[i].addEventListener("mouseenter", overCircle);语句为每一个圆点添加侦听器，侦听事件为 mouseenter，即鼠标指针进入该元素时触发，类似于 mouseover，触发以后我们希望能够将圆点的 id 值取出，赋给记录当前图片序号的变量 currentIndex。具体要执行的语句由函数 overCircle 定义。

（4）设置鼠标指针滑过圆点及单击左右箭头后变量 currentIndex 值的变化情况。

```
//鼠标指针滑过圆点时执行的操作
function overCircle() {
    currentIndex = parseInt(this.id);
}
```

this.id 是指将当前对象的 id 值和字符串类型，使用 parseInt 方法进行数据转换，提取整数部分后赋给变量 currentIndex。

```
//单击左箭头后执行的操作
function preMove() {
        currentIndex--;
        if (currentIndex < 0) {
            currentIndex = 3;
        }
}
//单击右箭头后执行的操作
function nextMove() {
        currentIndex++;
        if (currentIndex >= 4) {
          currentIndex = 0;
          }
}
```

2. 图片滑动

现在我们已经知道了应该显示哪一张图片，那要怎么显示呢？上面我们已经说过滑动的原理是改变图片序列的位置，通过左右移动图片以及为父元素设置 overflow: hidden 的样式属性使父元素只显示当前图片，于是只要写下面这样一个函数，将其加到之前的事件中即可。

```
function moveImage() {
    multiImages.style.left = -currentIndex * 1000 + "px";//假定图片宽度为1000px
}
function overCircle() {
        currentIndex = parseInt(this.id);
        moveImage();
        }
function preMove() {
        currentIndex--;
        if (currentIndex < 0) {
            currentIndex = 3;
            }
        moveImage();
        }
function nextMove() {
        currentIndex++;
        if (currentIndex >= 4) {
            currentIndex = 0;
            }
        moveImage();
        }
```

这样就实现了图片的切换效果，但是图片切换生硬，看不到滑动的过程。为了实现滑动，可以自己编写 animate 函数，或者用 jquery 函数的方法，这里直接用 CSS3 的 transition 属性。

只要在图片序列的 CSS 类下加入下面的代码。

```
#multi-images {
    transition: 1s;
}
```

就可以实现自然、流畅的滑动，滑动持续时间可以自行设定，如图 11-11 所示。

图 11-11　图片滑动效果

3. 改变当前圆点的颜色

我们希望在显示图片时，对应圆点的颜色可以变为红色。将当前图片对应的圆点变成红色很简单，只要 currentIndex 这一个变量就可以实现，但还要把前一个显示的圆点变回白色，这个圆点不能简单地确定为 currentIndex-1 或者 currentIndex+1，所以需要新定义一个变量 preIndex，记录前一张显示的图片。只要在为左右箭头和圆点序列绑定的事件函数中的第一句都增加下面的语句。

```
preIndex=currentIndex;
```

就在图片序号改变前保存下了前一个序号，然后在事件末尾添加 changeCircleColor(preIndex, currentIndex)即可。

changeCircleColor 函数具体定义如下。

```
function changeCircleColor(preIndex, currentIndex) {
    circles[preIndex].style.backgroundColor = "rgb(0, 0,0)";
    circles[currentIndex].style.backgroundColor = "rgb(255, 0, 0)";
}
```

效果如图 11-12 所示。

图 11-12　当前图片对应的圆点变成红色

4. 悬浮箭头

我们还可以继续增加细节，例如，当鼠标指针放到轮播图上时，左右箭头才显示，其余情况下箭头隐藏。

先设置箭头的 display 属性为 none。

```
#arrow-right,#arrow-left {
    display:none;
}
```

给 box 添加伪类，代码如下。

```
#box:hover #arrow-left,#box:hover #arrow-right{
    display: block;
}
```

将鼠标指针放到箭头上时，鼠标指针变成单击样式，代码如下。

```
#arrow-right,#arrow-left {
    cursor:pointer;
}
```

5. 自动轮播

目前已经完成了基本的工作，不过我们还希望轮播图可以自动轮播。当鼠标指针放到轮播图上时，轮播暂停。

我们建立一个定时器，当鼠标指针放到 box 上时，清除定时器，离开则重新建立。

```
timer=setInterval(nextMove,2000);
box.addEventListener("mouseover",function() {
    clearInterval(timer);//清除定时器
});
box.addEventListener("mouseout",function() {
    timer=setInterval(nextMove,2000);
});
```

setInterval 方法会不停地调用函数，clearInterval 方法可以清除定时器。setInterval 方法的返回值将用作 clearInterval 方法的参数。

至此，滑动轮播图效果已经比较完善了，图片滑动的形式可以是自动执行，也可以单击左右箭头，或者是鼠标指针滑动到圆点。

【项目实践】

使用本书配套素材的 img 文件夹中的 news1.jpg～news4.jpg 完成滑动轮播图效果，页面效果如图 11-13 所示。

图 11-13　滑动轮播图效果

代码参照如下。

```
<!DOCTYPE html>
<html>
    <head>
        <meta charset="utf-8">
        <title>滑动轮播</title>
        <style type="text/css">
            #box{
                position:relative;
                width:640px;
                height:360px;
                overflow: hidden;
                border: 1px solid;
                }
            #multi-images {
                position:absolute;
                left:0;
                top:0;
                z-index: 1;
                width:100%;
                height:100%;
                font-size:0;
                white-space: nowrap;
                transition: 1s;
                }
            #multi-images img{
                width:100%;
                height: 100%;
                display: inline-block;
                }
            #multi-circles {
                position:absolute;
                right:30px;
                bottom:10px;
                z-index: 2;
                }
            #arrow-right,#arrow-left {
                font-weight: bold;
                font-size: 36px;
                position: absolute;
                top:calc(50% - 20px);
                height:40px;
                width:40px;
                border-radius:50%;
                background:rgba(255,255,255,0.5);
                z-index: 3;
                color: #000;
                text-align: center;
                display:none;
                cursor:pointer;
```

```
                }
        #box:hover #arrow-left,#box:hover #arrow-right{display: block;}
        #arrow-right {right:10px;}
        #arrow-left {left:10px;}
    </style>
</head>
<body>
    <div id="box">
    <div class="arrow-left" id="arrow-left">&lt;</div>
    <div class="arrow-right" id="arrow-right">&gt;</div>
    <ul id="multi-circles">
        <li></li>
        <li></li>
        <li></li>
        <li></li>
    </ul>
    <div id="multi-images">
        <img src="img/news1.jpg">
        <img src="img/news2.jpg">
        <img src="img/news3.jpg">
        <img src="img/news4.jpg">
    </div>
  </div>
  <script>
      var arrowLeft = document.getElementById("arrow-left");
      var arrowRight = document.getElementById("arrow-right");
      var multiImages = document.getElementById("multi-images");
      var  circles  =  document.getElementById("multi-circles").getElementsBy
TagName("li");
      var box=document.getElementById("box");
      //为箭头和圆点绑定事件
      arrowLeft.addEventListener("click", preMove);
      arrowRight.addEventListener("click", nextMove);
      var currentIndex=0;
      var preIndex;
      for (var i = 0; i < circles.length; i++) {
          circles[i].setAttribute("id", i);
          circles[i].addEventListener("mouseenter", overCircle);
      }
      //鼠标指针滑过圆点时执行的操作
      function overCircle() {
          preIndex=currentIndex;
          currentIndex = parseInt(this.id);
          moveImage();
          changeCircleColor(preIndex, currentIndex);
      }
      //单击左箭头后执行的操作
      function preMove() {
          preIndex=currentIndex;
          currentIndex--;
```

233

```
                if (currentIndex < 0) {
                    currentIndex = 3;
                }
                moveImage();
                changeCircleColor(preIndex, currentIndex);
            }
            //单击右箭头后执行的操作
            function nextMove() {
                preIndex=currentIndex;
                currentIndex++;
                if (currentIndex >= 4) {
                    currentIndex = 0;
                }
                moveImage();
                changeCircleColor(preIndex, currentIndex);
            }
            function moveImage() {
                multiImages.style.left = -currentIndex * 665 + "px";
            }
            function changeCircleColor(preIndex,currentIndex) {
                circles[preIndex].style.color = "rgb(0, 0, 0)";
                circles[currentIndex].style.color = "rgb(255, 0, 0)";
            }

            var timer=setInterval(nextMove,2000);
            box.addEventListener("mouseover",function() {
                clearInterval(timer);//清除定时器
            });
            box.addEventListener("mouseout",function() {
                timer=setInterval(nextMove,2000);
            });
        </script>
    </body>
</html>
```

【小结】

本任务实现了网站首页常用的两种轮播图效果。通过实现该效果，我们和小王一起学习并且熟练应用了 JS 中的事件、函数、变量、数组、循环和选择结构等知识，对 JS 脚本编程有了相对完整的理解。结合前面学过的 HTML+CSS 的知识，小王更加深刻地体会到 HTML、CSS、JS 在 Web 前端开发中的地位和作用，并且小王的网上商城网站项目也接近尾声，只需要补充完整所有的模块，就可以进入调试阶段了。

【习题】

一、填空题

1. JS 是 Web 前端开发工程师必须掌握的知识之一，它用来描述页面的_____。

2. 分析下面的 JS 代码段。

```
a = new Array("100","2111","41111");
for(var i = 0;i < a.length;i++ ){
document.write(a[i] + " ");
}
```

输出结果是： _____。

3. 如果有函数定义 function f(x,y){…},那么正确的函数调用格式是_____。

4. 在 JS 中，定义一个变量 x 的方法是_____。

二、选择题

1. 插入 JS 的正确位置是（　　　）。

A. <body>部分

B. <head>部分

C. <body>部分和<head>部分均可

D. < head >前面

2. 引用名为"xxx.js"的外部脚本的正确语法是（　　　）。

A. <script src="xxx.js">

B. <script href="xxx.js">

C. <script name="xxx.js">

D. <script ="xxx.js">

3. 如何创建函数 myFunction?（　　　）

A. function:myFunction(){}

B. function myFunction(){}

C. function=myFunction(){}

D. myFunction(){}

4. 如何编写当 i 等于 5 时执行某些语句的条件语句?（　　　）

A. if(i==5){语句}

B. if i=5 then {语句}

C. if i=5 {语句}

D. if i==5 then {语句}

5. 如何在 JS 中添加注释?（　　　）

A. 'This is a comment'

B. <!--This is a comment-->

C. //This is a comment

D. /*This is a comment*/

6. 定义 JS 数组的正确方法是（　　　）。

A. var txt = new Array="tim", "kim","jim"

B. var txt = newArray(1: "tim",2:"kim",3:"jim")

C. var txt = new Array("tim","kim","jim")

235

D. var txt = newArray: ("tim","kim","jim")

7. 下列选项中，（　　）不是网页中的事件。

A. onclick B. onmouseover C. onsubmit D. onpressbutton

8. script 标记写在 head 标记中和写在页面的底部有何不同？（　　）

A. 写在顶部和写在底部没有区别

B. 写在顶部表示 HTML 执行完毕，再执行 script 代码

C. 写在页面的底部表示 HTML 执行完毕，再执行 script 代码

D. 以上都不对

9. JS 和 Java 之间的关系是（　　）。

A. JS 是 Java 的子集

B. JS 和 Java 是一回事

C. Java 是 JS 的子集

D. JS 和 Java 没有包含关系

10. 在 HTML 页面中，CSS 的样式属性名为 background-image 对应的 style 对象的属性名是（　　）。

A. background-image

B. backgroundImage

C. image

D. background

三、思考题

1. 请解释 JS 中定时器的作用。

2. 打开百度新闻页面，仿照制作该页面的轮播图。